THE GAME

[意] 亚历山德罗·巴里科（Alessandro Baricco）著

刘湃 译　　周子涵 校译

中信出版集团 | 北京

图书在版编目（CIP）数据

游戏世界 /（意）亚历山德罗·巴里科著；刘湃译
. -- 北京：中信出版社，2024.5
书名原文：The Game
ISBN 978-7-5217-6291-4

Ⅰ . ①游… Ⅱ . ①亚… ②刘… Ⅲ . ①技术哲学
Ⅳ . ① N02

中国国家版本馆 CIP 数据核字（2024）第 006618 号

游戏世界

著者：　　〔意〕亚历山德罗·巴里科
译者：　　刘湃
出版发行：中信出版集团股份有限公司
　　　　　（北京市朝阳区东三环北路 27 号嘉铭中心　邮编　100020）
承印者：　北京盛通印刷股份有限公司

开本：880mm×1230mm　1/32　　印张：10.25　　　字数：220 千字
版次：2024 年 5 月第 1 版　　　印次：2024 年 5 月第 1 次印刷
京权图字：01-2023-2772　　　　书号：ISBN 978-7-5217-6291-4
　　　　　　　　　　　　　　　定价：69.00 元

献给卡洛、奥斯卡和安德烈亚。

献给古希腊七贤。

献给霍尔登学校的创建者。

这堂课为你们而讲。

目　录

第一部分

用户名

大概在 10 年前，我写过一本名为《野蛮人》的书。在那个年代，几乎所有受过教育的人，甚至可以说许多普通人都察觉到了一种令人不安的现象：人类沿袭了几个世纪的某些高雅的、有意义的行为，正在失去曾经的价值，演变为简化的行为。不管是吃饭、学习、娱乐、旅行，还是性交，人们似乎都失去了昔日的兴致，忘却了如何一心一意地去体验与品味，而这明明是从父辈那里学来的基本技能。人们似乎更愿意浮于表面、草草了事。

　　这种不和谐的现象尤其体现在子女的成长方面，家长们越来越意识到，自己的子女身上正在上演着一场无法解释的基因退化，这种基因退化非但无助于人类的进步，反而导致了一场隐秘的退步。孩子们无法集中精力，总是迷失在无果的多任务旋涡中，漫无目的地待在电脑前，浑浑噩噩地游荡于事物的表面。在他们难以捉摸的"云"世界中，隐约可见某种危机的影子，它似乎预示着一场文化灾难即将发生。

那是一个令人厌烦的时代。一时间，人们似乎将自己的聪明才智全用来批判各种事物的衰亡，并将时间用在了捍卫这些走向崩溃的事物上。即使是一些明智的人，也可能会去签署某封联名信，来声援几家老式的奶制品厂，抑或号召人正确使用虚拟式，而丝毫不觉得这种行动有什么荒唐之处。每当人们从时间的滚滚洪流中成功捍卫这些事物时，一种优越感便会油然而生，这使得他们能够喘息片刻，不至于被未来的重负压垮。

说到这里，我需要插上一句，上述文明的消亡还是有据可循的，尽管根本原因尚不明确，但肯定涉及数字化革命（也就是世界上所有电脑所做的那些事）和全球化（也就是世界上所有商人所做的那些事）。这是两股无法抵挡的力量，它们的发展孕育了一类人，这类人的追求令人费解，其语言晦涩难懂，品位难登大雅之堂，行事风格让人难以苟同——用野蛮人这个词来概括地形容他们再合适不过了。毕竟，在人类作为地球支配者的历史中，我们不是已经多次使用这个词来形容那些我们无法理解和驯服的、异化的人吗？

本能告诉我们要阻止他们，因为他们就是一群不折不扣的毁灭者。这是人们对那类人最普遍的成见。

总之，我曾经是这么想的。

于是，我写了《野蛮人》，但我的写作初衷实际上是要向我自己和读者阐明一个道理：我们所经历的绝非一场野蛮人的入侵，他们并不会摧毁我们高雅的文明；我们所经历的是一场发生在所有人身上的变革，这场变革将在短时间内孕育一个新的文明。从某种程度上说，它甚至优于那个伴我们成长的文明。换句话说，这不是一场毁灭性的入侵，而是一场诡秘的变革，一种朝向新式生存技巧的集体转变，一个类似于人文主义、启蒙运动、浪漫主义的战略转折。在这个过程中，我们的原则会彻底被颠覆，但无须恐惧，就像历史的车轮无数次转向，起初不免颠簸，但驾车人总会抓紧缰绳，为世人传道，一切都会顺利的。尽管可能会令人惊讶，但我相信，我们很快就能找到从容地将旧式奶制品厂和虚拟式等话题抛到九霄云外的理由。

不要说我盲目乐观，我为此解释过多次：对我而言，这场变革是一场纯粹的、简单的现实主义变革。如果一个16岁的少年说话时不讲究语法而让你觉得现在的孩子们不学无术，你没有意识到，那位少年已经将他父亲那个时代所看的电影看了不下30遍。这并不是我盲目乐观，而是你观察得不够仔细。一些知识分子认为排在畅销书榜首的那本书往往愚蠢得无可救药，并由此预言一场文化灾难即将到来，而我则试图去寻找一些事实。于是我发现，将这本书推到榜首的读者群体在仅仅60年前，不仅不会去买书，甚至很大可能是文盲。这就是事实，是一种鲜明的进步。在这种背景下，我们无法明确真相掌握在谁手中——到底是秉承现实主义的我，还是那群沉浸在充满诗意的文化灾难幻想中的知识分子。

　　就在我们将时间浪费在争论这些问题的时候，有一群人已经在努力地从技术层面改变这个世界了。他们没有解释对人类未来的规划，也许连他们自己都不知道这一切会对人类的大脑和情感产生哪些影响。这群人中的大部分分布在美国加州，基本属于一个相当低调的、务实的、拥有商业嗅觉的精英阶层。他们没兴趣去讨论奶制品厂和虚拟式问题，也不关心如火如荼的捍卫行动，对他们来说，当务之急是创造未来。

　　慢慢地，我开始后知后觉地发现，原来很多人在面对这些衰退的环境时显得更如鱼得水，仿佛待在了自己擅长的游戏领域里。我在这里所指的并不是悲剧或者灾难，只有极少数异常聪明的人才有能力在那样的环境里游刃有余。我所指的是一个更微妙的层面，比如，我们都知道，许多动物习惯在稳固、舒适的斜坡产卵，而我们中的大多数人也一样，乐于处在安稳的生活环境中。我还发现，能够带来适度挑战的坡度适合绝大多数人，因为我们有忍耐力，意志较为坚定，比起天马行空地乱想，我们更有耐心，并且基本上是保守的。这样的人更容易感知世界，从而放慢世界向未知发展的脚步。同理，他们更善于采取防守策略，在面对敌人和即将到来的灾难时能够表现出色，正因如此，他们不善于进攻，对未来充满恐惧。

　　因此，人们对开放的创造往往抱有一种内敛的态度，同时试图将自己所在的群体重新带回自己熟悉的领域，躺在对历史的回忆中睡大觉。在这些需要捍卫的事物的庇护下，我们得以安稳休憩，慢慢地培育未来，并尽量蜗居在这片庇护所中，努力推迟因下一次饥饿来袭而不得不出去的时间。

不过，我最终决定写了那本书。那本书是在报纸上连载的，这种出版方式也让我觉得颇具野蛮人的做事风格。一开始，我想把书命名为"变化"，但报社社长在思考良久之后，斩钉截铁地对我说："不行，'野蛮人'这个书名要好得多。"他在这个领域着实更有智慧。

那时候的我很好说话，于是采纳了那个建议。

在书名下面，我加了一个副标题：一本有关变化的散文集。

齐活儿。

之后却发生了意料之外的事。我费了九牛二虎之力才让读者相信那并不是一本抨击野蛮人的书。他们一看到书名，总是会先入为主地认为书中描写的应该是那些衰亡的事物，而罪魁祸首就是那群野蛮人，这已经成了读者的思维定式。

我说的是真的。

我曾反复向读者解释，所谓的野蛮人根本就不存在，真正处于日新月异变化中的人是我们自己，书里也是这么写的。而人们却纷纷来感谢我，因为我谴责了野蛮人正在毁灭一切。也许我当初应该将书名定为"野蛮人万岁"，但这未必足够，毕竟要把那些沉溺于过去与岁月静好之中、习惯在温暖的巢穴中度日的人带出安乐窝并非易事。集体惰性让人们自鸣得意地对即将到来的某种灾难进行谴责，认为是这场灾难夺去了大家的美好品质。扭转这一思维定式是极其困难的，甚至可以说是不可能的。

从那本书出版到现在，已经过了十几年，我终于能心安理得地谈论当时的话题。如今，集体叙事的方式已经变了，人们也都从固有思维的巢穴里走了出来，很少有人会拿野蛮人做文章，也都了解了那只会让少数商人从中谋利。如今，大多数西方人已经接受了一个事实，即我们正在经历一场革命，这无疑是一场技术革命，也许是一场思想革命。这场革命势必会改变几乎所有人的行为和价值观，并最终改变人们对这场革命的看法。也许人们对这场革命所带来的结果感到恐惧，抑或对这场革命知之甚少，但大家基本能达成一个共识：这场革命是必要的，也是不可逆的，是为了纠正曾让我们付出高昂代价的错误。所以，人们将这场革命看作一个任务、一项挑战，还有不少人相信这场革命会将人类带入一个更加美好的世界。尽管持保守意见的人仍然有很多，但这些人也逐渐像沙漏中的一粒粒沙子一样，不可避免地滑入令人恐惧的对面，走向未来。

那么有人会问，到底是什么在短短的十几年里颠覆了我们的思维，让我们接受并义无反顾地踏上了这场革命的征程呢？

我也没有一个确切的答案，但我有一份短短的清单，上面的东西在 20 年前完全不存在，如今才出现，包括：

□ 维基百科

□ 脸书（现名 Meta）

□ Skype（即时通信软件）

□ 优兔

□ Spotify（在线流媒体音乐播放平台）

□ 网飞

□ 推特（现名 X）

□ 爱彼迎

□ 苹果手机

□ 照片墙

□ 优步

□ WhatsApp（社交软件）

□ Tinder（交友软件）

□ Tripadvisor（猫途鹰）

□ Pinterest（照片分享网站）

各位如果现在有空，可以看一看自己每天在哪个平台上打发的时间比较多，就在哪个名称旁边打个钩吧。

怎么样？还挺多的吧？那么问题出现了：在这些平台出现之前，我们是怎么打发时间的呢？玩拼图吗？

这份清单能够说明很多问题，其中一个问题值得在这里强调一下：在 20 年间，这场革命已经在不知不觉间融入我们的生活——无论是简单的举动、日常的行为，还是我们对各种情绪的处理。它渗透的程度是如此之高，想去否认其存在显然是不明智的，但将其视作一种自上而下、带有强迫意味的变革似乎也不理智。我们意识到，在最基本的日常习惯中，我们在身体和思维层面的很多行为，要是放在 20 年前，很可能会被我们自己唾弃，因为当时我们无法理解它们的意义，于是谴责它们是堕落的。

那么究竟发生了什么呢？是因为我们被这场革命征服了吗？是有人给我们强加了一种并不属于我们自己的生活方式吗？

要说是，可能也不对。这更像是有人给我们推荐了一种生活方式，我们在一天天的尝试中逐渐接受，从而慢慢改变了固有的生活方式。这种新的生活方式让我们有了一种新的生活态度，在 20 年前，我们一定会认为这种生活态度是荒谬的、畸形的、野蛮的；现在，我们非但不排斥，还将这种生活态度融入我们的日常生活中，以令人舒适、十分生动，甚至可以说优雅的方式。我们不再有当初的被侵略感，而是开始游刃有余地将这种舒适的生活方式扩大到对我们自己而言都未知的领域。一种名为"增强人类"的思维已经开始占据上风，而成为其中一员的愿望比被其淘汰的可能性更令人着迷。于是，我们开始顺应这场曾经被我们公开否定的变革，我们开始将自己的聪明才智用在如何利用它上面，而不是想着去抵制它。正是由于这种新的思维，我们发现，关闭老旧的奶制品厂不过是个无法避免的副作用。于是不久后，我们开设了一些类似于旧式奶制品厂的新场所，这就是我们向过去告别的方式，即让其"新陈代谢"。

别说我们不是天才。

可以说，现在的我们已经理清了这段发展过程的脉络，并且已经纠正了最初的错误。我们知道这是一场革命，也愿意相信这场革命是一项集体创造的成果，甚至可以说，是众望所归。它并非意味着整个世界在系统性退化，也不是某些邪恶天才所策划的一场阴谋。我们正在经历的通往未来之路与过去有着千丝万缕的联系，我们参与其中，渴望并追求这样的路。这个新世界是属于我们的，这场革命也是属于我们的。

很好。

接下来，我要谈的话题就没那么有趣了：我们无法搞明白这个属于我们的新世界，也无法讲清楚这场革命的根源和目标。

天哪，也许有人会有自己的观点。但总体而言，对这场正在经历的改革，我们所知甚少。不经意间，我们的行为已经以令人惊讶的速度发生了改变，但我们的思想似乎来不及给这些新行为命名。在相当长的一段时间里，时间和空间发生了错位。同样发生变化的还有我们对过去、灵魂、经验、个体、自由这些概念的定义。我们会发现，5 年前对"一切"和"虚无"的定义，在今天来看似乎不准确了；对几个世纪以来被称作艺术品的那些东西，我们现在似乎也叫不上名了。我们确信：在未来，我们会用如今尚未可知的地图前往某些现在并未存在的地区；在未来，我们的审美肯定会发生改变，但怎么改变，我们无法预料；在未来，我们会把一系列事物称作真理，而在过去，我们斥之为谎言。我们告诉自己，正在发生的一切都是有根源和目标的，但我们不知道它们是什么。几个世纪以后，后人会认为我们是一片土地的征服者，而今天，在这片土地上，我们几乎找不到归家之路。

你不觉得这很神奇吗？

我相信你会觉得这一切很神奇，而这就是我写本书的初衷。我想到达我们这场革命不为人知的地方，去搞清楚这场革命的意义和根源，去揭开它那神秘的面纱。当然，我也知道这像是一场在大草原上漫无边际的旅行，没有任何指引，所以我只能讲述一些先驱者的故事。

我不想给大家一种我已知晓答案，并准备照本宣科的印象。

不过，要开启这场旅行，我确实准备了几张导航图。但在上路前，我也不知道它们是否精确可信，是否能够发挥作用。

我写本书，就是为了开启这么一段旅程。

为防迷路，我会使用一个从未令我失望的指南针——恐惧。跟随恐惧的脚步，往往会找到回家的路，无论是你自己的恐惧，还是别人的恐惧。而在这场旅行中，最不缺的就是恐惧，有些恐惧还很有意义呢。

举个例子。有一种恐惧叫作摸黑儿往前走。这不就是我们正经历的吗？我们不知道这场革命的根源，更不知道它的目标，这就让我们无法搞清这场革命的价值观和原则。与之相比，当年启蒙运动的相关内容就很清晰。所以，如果我们的孩子们想从我们这里知道革命将何去何从，我们只能模棱两可地回避问题，最多反问道："你来说说吧？"这大概是最好的回应。从这个角度说，急需人写这么一本书，作者当然可以不是我。

还有另外一种恐惧：我们能够确定这场技术革命不会盲目地带领人类走向失控吗？我们选择了这场革命为我们提供的一些技术工具，得心应手地使用它们，但有人事先评估过这些工具的使用会对我们的生活方式、智力，甚至善恶观产生什么样的影响吗？盖茨、乔布斯、贝佐斯、扎克伯格、布林、佩奇这些人的背后，是否存在着一项关于人类的计划？或者只不过是一些杰出的商业创意在不经意间造就了某种新人类？

我自己经常产生一种恐惧：我们正在创造一个辉煌甚至令人愉悦的文明，但在面对现实带来的冲击时，这种文明似乎站不住脚。这是一种派对式的文明，而现实和历史却不是派对。在这种文明中，我们失去了耐心，不再吃苦耐劳，也没法踏踏实实地做事，这样的一代人还有能力承受历史的车轮带来的翻天覆地的逆境吗？能应对命运带来的哪怕一点点挫折吗？我们在拼命地训练一些相对轻松的技能，在这个过程中，我们不禁思考：这些技能是否让我们失去了与现实对抗的必要力量。因此，我们慢慢开始试图模糊现实、逃避现实，甚至用轻巧的表象取而代之。我们调整现实问题的真实模样，用与我们的技术设备匹配的逻辑来解决。这难道不是一种自杀式的策略吗？

还有一种更为微妙但并不罕见的恐惧，很难表述，我只能这么形容：我们越来越依赖更高效、出错率更低的人造产物，每过一天，人类似乎就失去了一些属于自己的人性。只要条件允许，人们就会把一切交给机器、算法、统计和排名，由它们产生观点、做出选择和决定。

到头来，这个世界越来越不需要陶瓷匠人了。用瓦尔特·本雅明的话来说，我们这个世界的工业化成分越来越多，手工化成分越来越少。这是我们想要的世界吗？一个冷若冰霜、泛着机械金属光泽的世界？

更不用提"认知肤浅"这个令人难以忍受的噩梦了。有些人坚定地认为，这个由新技术所决定的世界会遗失一部分现实，遗失的还很可能是最好的那部分，即隐藏在事物表面之下的，需要付出耐心、精力和专注才能挖掘的内涵。过去，我们为这部分创造了一个具有深远意义的词——深度。它让我们明白：每个事物都有意义，尽管它隐藏在不易触及的深处。谁又能否认，我们今天看待事物的方式似乎专门迫使我们只触及浮光掠影的程度，无法探寻其深处呢？不再懂得如何去探寻事物深度和本源的人类，将会变成什么样呢？避重就轻、随波逐流的技能究竟有什么用呢？这个派对式的文明，是不是我们人类的绝唱呢？

我已经好多年没在书中一口气写下这么多问题了。

在此，我要表达我对这些恐惧的一些看法：不像这场革命中的某些精英想让人相信的那样，拥有这些恐惧的人并非傻瓜，因为这些恐惧是有据可循的，而忽视它们的人才是傻瓜。

还有一点：

在上文提到的每一种恐惧中，我们都为自己的行为下了定义，也正因如此，我们正在变得更好。无论我们找到了上述哪一个问题的答案，我们都把这场革命的指南针握在手中，因为我们正在拼凑的这几张导航图，正是由我们的各种恐惧倒推绘制的。通过这种方式，我们不着痕迹地穿越边界，进入一个新的文明，而在这多重的怀疑之中，掩藏着我们对美好未来的确信。

这是一段非常引人入胜的旅程，在很多时候，我都情不自禁地驻足观赏沿途的风景，以至于跟不上那些亲历者的脚步。我仿佛是一个慢半拍的绘图者，或是一个一问三不知的"智者"——我以这个奇特的视角，继续记笔记，绘制草图，标记人名与地名。在最清醒乐观的时刻，我梦想有一天能够准确地勾画出一幅美丽的地图，并将每次的灵光一现都绘入其中。这种时刻并不多，而我不想浪费。于是，我决定倾尽所知，写下你正在阅读的这本书。

第二部分

密码

总之，最好搞清楚到底发生了什么，或者说"真正"发生了什么吧。

我更倾向于认为，数字技术的诞生掀起了一场技术革命。在短时间内，这场革命显著地改变了人类的思维模式和行为方式。没人能预测这场革命最终会带来怎样的结果。

就是这样。

现在，让我们来看看我们能否做得更好。

在意大利语中，digitale（数字的）这个形容词来自古拉丁语单词 digitus，后者意为"手指"。人类是用手指数数的，所以这个单词的引申义就成了"数字的"。在我们所讨论的语境下，这个术语指的是一种非常先进的系统，可以把任何信息转换成数字。说得再具体一些，任何数字化的信息都是由 0 和 1 两个数字构成的代码。有人可能会深究：为什么只用 0 和 1，用 7 和 8 不行吗？用 7 和 8 当然可以。原则是仅有两个不同的数字，这两个数字的功能和"开"与"关"、"是"与"否"相对应。

搞清这个原则后，我们就可以接着往下读了。我上文提到的"把任何信息转换成数字"，不是仅指报刊消息，比如每日新闻、比赛结果、杀人凶手的名字等，而是指这个世界上任何可以被分解为最小单位的信息，比如声音、颜色、图形、数量、温度等。当我们将这些事物转换成由 0 和 1 组成的代码之后，它们竟变得如此轻盈，只是一串数字，没有重量，无处不在，高速传输，甚至在传输过程中不会受到任何挤压或损坏。我把它们发送到哪里，它们就会立刻到达哪里。如果对方有一台解码器能够记录这些数字并将其转换成原始信息，那么这条信息的传递就大功告成了。

我们用颜色来举个例子。显然，我们未必了解这一点，但在数字时代，每一种色彩都被精准地编了码。你知道被编过码的颜色有多少种吗？ 16 777 216 种。也就是说，这 16 777 216 种颜色都可以用 0 和 1 组成的代码表示。这可不是我信口开河。譬如最纯正的红色，用代码表示就变成了 1111 1111 0000 0000 0000 0000。在成为代码后，这些动人的色彩似乎失去了原有的诗意。那我们为什么还要这么做呢？原因很简单，经过数字化处理的颜色可以用解码器进行修改、传递和存储，这些操作都能轻而易举地完成，还能确保不出差错，高效便捷，成本骤降。每当我想重新看到真实的颜色时，我只需要通过解码器进行一个简单的操作，想要的色彩就会立刻出现在眼前。

真是了不起。

同理，声音、字母、体温……世界上所有的事物都可以数字化。

20 世纪 70 年代，数字化开始风靡全球。之前，数据通过另一种方式被存储和传递，即"模拟"。模拟这种方式带有老派风格，让人想起指南针或者无所不知的祖父祖母。通过模拟，人们可以对现实进行更加全面的记录，这种方式更加准确，甚至可以说，更富有诗意，但同时它也有很多缺点，比如太复杂、易碎、易损等。我们发烧时惯用的水银温度计就是个很好的例子。温度计中的水银热胀冷缩，我们便根据水银柱的高度判断出我们的体温：印在玻璃柱上的数字将水银柱的高度转化为以摄氏度为单位的精确温度（体温高于 37.5 摄氏度就不用去上学了）。不过现在，我们用的很多温度计已经是数字式的了，只要把电子温度计放在额头前，轻轻按下一个按钮，体温就会瞬间显示。这种温度计是通过感应器来测体温的，不同的温度对应一定的由 0 和 1 组成的代码，这个代码经过解码，最终被转换成以摄氏度为单位的数值，在显示屏上显示。这完全是两个不同世界的转换，而我们并非第一次体会这种感觉。

从水银温度计到电子温度计。

从黑胶唱片到 CD（激光唱盘）。

从胶片电影到 DVD（数字激光视盘）。

从桌式足球到足球电子游戏。

两个截然不同的世界。

不过，第二个世界（数字世界）并非完美无缺，一个可能存在的缺陷就是它无法把现实中的所有细节都存储起来，只能跳跃式地、间断性地进行记录。打个比方，钟表上的指针是在不断走动的，指针填满了时间的每个瞬间；传统温度计中的水银也是如此，它通过改变体积，在玻璃管中移动，填充每一个微小的温度。然而，大家所戴的电子表就不是这个原理，就算你戴的电子表以秒为单位，甚至以十分之一或百分之一秒为单位，但在任一时刻，它肯定是从上一时刻直接跳到下一时刻的数字的，这两个时刻之间一部分（哪怕无穷小）世界就是数字系统遗失的。

数字系统有不可估量的优势：对于用来计算、修改、传递现实事物的计算机来说，数字系统是完美的搭档。只要将现实事物转换为计算机能理解的语言——数字，它就可以反映一切。因此，随着计算机设备的完善，以及它那逐渐亲民的价格，我们决定向数字化转型。这个转型的实质，就是我们开始将现实事物拆分成无数个由 0 和 1 组成的无限小的微粒。顾名思义，这就是数字化。通过数字化，我们得以用发明的机器对整个世界进行修改、存储、复制和传递。机器的编码速度很快，不出错，成本还很低。也许大家未曾留意，某天，某个人用数字系统存储了世界的一个片段，而这个片段将人类天平的指针永远拨向了数字化的一端。不要问我这一切是如何发生的，我们都知道这一切是在那一年——2002年发生的。在那一年，我们迎来了未来。

2002 年。

一切都发生得非常快。网络的出现和一系列当时堪称天才创造的数字格式的应用催生了一大批新技术，给人类的生活带来了惊人的改变。如今，我们可以毫无压力地称这个发展过程为数字化革命。从20世纪70年代到2002年，数字化革命进行了几十年，而在最近10多年的时间里，它正式颠覆了之前的权力结构。我们的子女这一代无疑受到了更大影响。

这个过程听上去挺简单的，对吧？难点在下面。

"革命"是一个相当笼统的概念，现在这个术语有点儿被滥用了。我们可以用它来形容那些通过大规模流血牺牲换来的历史变革（例如法国大革命、俄国十月革命），也可以用它来形容我们支持的足球队将四后卫变成了三后卫的阵式（这是足球领域的一种战术革命）。

无论是哪种情况，这个术语都意味着有人不是在绞尽脑汁地想一步好棋，而是直接掀翻棋盘，改变了游戏规则，引发了一次范式转换（这种转换是一种难得的能力，本身就具有非常高的价值）。

总的来说，这似乎就是我们正在经历的情况，是数字化革命的现状。

不过，革命也有不同的类型，这需要我们进行准确区分。哥白尼提出地球绕着太阳运转的革命，就与法国大革命不是同一种革命；公元前5世纪，雅典人创造了"民主"的概念，这场革命与白炽灯的发明（由爱迪生在1879年发明）也不可相提并论。这些革命者都引入了新的范式，掀翻了以往的棋盘，但他们所进行的"游戏"不是同一种。

谈到数字化革命，有一点毋庸置疑，那就是它首先是一场技术革命。在技术革命中，人们会发明一些新的工具，创造一种新的生活方式，比如犁、武器和铁路。我们已经见证了许多这样的技术革命，因此，我们得到了一些有趣的统计数据，下面是研究这些数据时很容易发现的内容。

技术革命的成果或许会非常惊人，但它很少能够直接引起一场思想革命，即一场颠覆人类固有思维的革命。

谷登堡　　印刷机（由谷登堡在美因茨发明）就是一项革命性的发明，给世界带来了巨大的影响。当时，庞大的文盲人口使口述文化占据主导地位，印刷机的出现在很大程度上削弱了这一传统，它使得思想能够更广泛地传播，人类思想的自由和力量也得以更好地体现。事实上，它打破了几个世纪以来一直由权贵阶层控制思想和信息传播的局面，老百姓无须再花重金雇用自己无力承担的抄写员，也不必再去使用那些复杂、低效且没有任何收益的机器。这简直太棒了。不过，需要指出的是，尽管印刷机的发明带来了令人惊叹的影响，但对我们而言，它仍然只是一次技术上的巨大飞跃，还不足以掀起一场人类思维模式的地震，它还无法与科学革命和浪漫主义革命相提并论。与其他技术革命类似，它没有直接掀起一场全人类的思想变革。还没等改变人类的思想，这场技术革命就已经落下帷幕了。它让人类自己去运用新技术，采取新措施，但这只不过是在一场胜负已定的比赛中做出的一个战术调整，并没有影响比赛的走势，也没有颠覆整个比赛的规则，尽管这个战术调整确实被载入史册了。

斯蒂芬孙　再举个不那么贴切的例子。蒸汽机车绝不仅仅是一个简单的天才之举，还是一项改变世界的发明。得益于蒸汽机的发明，人类迎来了工业革命，在这场可以被称作"革命"的进程中，发生颠覆性改变的不只有人类的日常生活，还有世界的格局。从第一辆蒸汽机车启动的那一天起，我们用来追踪金钱流动路线和划分世界贫富区域的地图就统统过时了：一切都发生了翻天覆地的改变，甚至可以说，20世纪很大一部分的血腥暴力冲突都是由那辆看似无辜的蒸汽机车引起的。够吓人的吧。

不过，即便是这样的一场革命，它的浪潮也在刚刚触碰人类根深蒂固的本质后，就退去了。如今，要回答我们的思维方式是如何偏离了旧的轨道，我们绝不会想到斯蒂芬孙的蒸汽机车，也不会想到隐藏在早期的英国工厂中的悲观绝望。我们可能会想到人文主义、启蒙运动，这些才是最纯粹的思想革命，它们与技术的进步之间似乎不过是形式上的联系。在数百年后回看这些思想革命，它们如同润滑油一样滴入世界的齿轮，甚至在广阔的深层意识层面润滑着一个庞大的液压系统，以重塑人类的感知系统，或者重新调整地球的现实状态。这些思想革命绝不仅仅是巧妙的一招一式，还是一种乾坤大挪移，代表着一场全新的游戏。

简言之，很多革命都改变了世界，其中很大一部分是技术革命，但鲜有那种可以彻底改变人类思想的革命出现，我们或许可以称之为"思想革命"。有趣的是，我们会本能地将数字化革命划分到思想革命的范畴。尽管数字化革命很明显是一场技术革命，但我们会赋予它更为重要的地位，因为我们意识到它有能力塑造一种新的人类理念。我们对这场革命的反应和恐惧都集中在这一点上。就像面对每一场技术革命一样，我们担忧的是这场革命带来的风险：大批劳动者失业，财富以一种不公平的方式重新分配，很多文化会消失，地球会遭殃，老旧的奶制品厂会被关闭，等等。

这些当然都是我们看得见的风险，但我们的担忧并不局限于此。在特定的时候，我们会产生更高层次的恐惧，这种恐惧关乎人类的道德、思想，甚至基因结构。我们会害怕一场翻天覆地的变革的出现，会害怕这些无法抵御的技术创新在偶然间催生一代全新的人类。从这一场技术层面的小革命中，我们推演出了一场解放思想的大革命。

这一点非常关键。请把手机调成静音，再让孩子吸上安抚奶嘴，然后全神贯注地读下去。

我们可以把这种推演写在纸上，再钉在墙上，然后扪心自问：我们究竟在干什么？我们是否高估了这些行为的意义？我们是否过度强调了一场技术突破的重要性？我们是否陷入了恐慌之中？这一切是不是我们的恐惧所导致的误解？

有可能，但我不敢打包票。

我确信的是，在我们怀疑的事物中，有一点是毋庸置疑的：不是某些东西正在改变，而是一切都在改变。一种奇妙的动物直觉驱使我们相信，正在发生的变化绝不会局限于我们选择餐厅的方式。虽然无凭无据，但我们看得十分清楚。

然后呢？

长话短说，我们无疑正在经历一场思想革命，如果你们问我为什么之前的技术革命从来没有造成这种程度的混乱，那我会这么回答你们：相信我，这是因为我们犯了一个普遍的视角错误，这是可以理解的，但着实不好纠正。我们一直以为思想革命是技术革命的产物，但事实正相反。我们认为数字化革命是一切的根源，但实际上它是一个结果，也就是说，数字化革命是某种思想革命的产物。之前我们一直是本末倒置的，现在，我们必须把手里的地图倒过来看了——首先是思想革命，然后才会出现技术革命。我们一直认为计算机催生了一种新的智慧（或者有人觉得是一种新的愚蠢），但现在，我们颠倒一下顺序：是一种新的智慧催生了计算机。也就是说，某种思想突变迅速获得了合适的工具，让这种思想得以存于世，这便被我们称为数字化革命。大家继续从这个角度出发来思考吧。不要去想谷歌的使用会催生哪种思想，要思考是哪种思想催生了谷歌这种工具。不要再花费时间去想智能手机是否会让我们与现实脱节，而要用同样的时间去想一想，当固定电话不能满足我们的需求时，我们需要用哪种工具与现实建立怎样的联系。多任务处理模式似乎让大家觉得无法将注意力集中在单个任务上，那么反过来想一想：当我们努力制造出可以让我们同时在不同的桌面上作业的工具时，我们是想从哪种束缚中解脱呢？

如果数字化革命使你感到恐惧，那就反过来问问自己，当我们企图溜进这场革命的大门时，我们究竟在逃避什么？试着去探寻一下是何种思想引领了数字化革命吧，要比研究数字化革命催生了何种思想重要得多，这才是一切的源头。真正的新人类并不是智能手机孕育的那些人，而是发明智能手机的人，是产生了需求并设计出智能手机为自己所用的人，他们利用新的发明摆脱某些束缚，回答一些问题，或是消除某种恐惧。好了，稍作停顿，来看看这一章的最后几段吧。

这样一来，数字世界中复杂的现象就如同现实中的地质变化，它是由地下的地壳运动向上引起的。

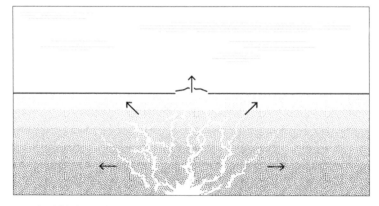

这种地壳运动就是思想革命，而我们都是这场思想革命的产物。这场思想革命是何时发生，又是在何地发生的，我们一般无

法察觉。不过，这场浩大的地壳运动使我们的行为、习惯和思想产生了显著的变化，如同地质学家通过研究地球表面留下的痕迹来研究地壳运动一样，我们也确实可以从这些变化中认识和研究这场革命。

这些变化中的许多都与数字化革命有关，也正是它们构成了解读变革的终极密码。只要不把这些变化当作一切的根源，它们就能揭示和解答我们的许多问题。

接下来，我们要像研究考古文物一样去研究这些变化，因为其中隐藏着一个神秘的新文明。

这个新文明，就是我们现在的文明。

好了，现在大家可以把目光从这本书上移开，去看看手机了。

啊，我的小孩正在哭呢，我得去哄哄他了。谢谢大家。

总之，我想强调的是：大家要换个角度来看待数字化革命的问题。

数字化革命只是结果，不是起因。大家要习惯这一点。

就是这样。

让我们把目光移向一切的开始，去探寻那场思想革命吧。如果存在一种新的人类模式，那么这种模式是蕴藏在这场思想革命中的。

好了。

尽管这幅寻找思想革命的地图一片空白，但至少我们确定了方向。

相信我，做好上一步是这场旅行中最难的事情。

现在我们可以开始测量距离，将一些地名放在地图上，来试着勾画地图的边界了。

数字化革命就像一场地壳运动形成的一条山脉，让我们带着这个理念去探索吧，看看能否勾画出一幅完整的地图。

第三部分

———◆———

进入游戏

1978 年　零号脊椎

1981—1998 年　从康懋达 64 到谷歌
古典时期

评述古典时期

1999—2007 年　从纳普斯特到苹果手机
数字殖民时期

评述数字殖民时期

2008—2016 年　从应用程序到阿尔法围棋
游戏世界

评述游戏时代

1978 年　零号脊椎

确实，尽管数字化革命是一系列复杂现象和事件的集合，好比由各种关节连接的躯体，不过，我们还是可以试着找一找这副躯体的脊柱在哪里。我们说过，数字化革命就像地壳运动形成的一条山脉，那么现在我们要做的就是找到这条山脉的最高点，看看这副躯体的零号脊椎到底在哪里。试试看吧！我猜各位可能会觉得零号脊椎代表的事物应该有它身为最高点的庄严性，但恐怕要让大家失望了——我认为，零号脊椎应该是一款电子游戏。

这款游戏叫作《太空侵略者》。千禧一代很可能压根儿不知道这款游戏是什么。但我知道它，因为我玩过，那时我 20 岁，有大把时间亟待消磨。这款游戏的发明者是一位名叫西角友宏的日本工程师。在这款游戏中，玩家的任务是不断射击从天而降的外星人，一旦外星人碰到玩家操控的大炮，游戏就结束了。这些外星人的降落方式看似很愚蠢，也很容易被预测，但随着游戏时间的延长，它们的下降速度会一点点地变快，当察觉到危险时，你已经手忙脚乱、无能为力了。

以如今的眼光来看，这款游戏的绘图太粗糙了。外星人（在当时的意大利，我们管游戏里的外星人叫小火星人）就像是一位蹩脚的画家随手画出的蜘蛛，整个画面都被框在黑白两色组成的二维空间里，与之相比，报纸上的讣闻版面更生动。

因为当时还没有家用电脑，我们只能去一些公共场所（如咖啡厅）找一些街头游戏机玩。那时候的街机和现在的相比太寒酸了，机身小得可怜，上面嵌着一块和小电视机差不多大的屏幕，简陋的操作台上只有三个按钮，高级的也不过加上一根摇杆罢了。

面对这么小的街机，大多数玩家都得弓着腰把硬币投进投币孔，选择进入游戏后，就开始疯狂地敲击按钮。在日本，玩一场游戏的价格是一枚 100 日元的硬币。由于这款游戏当时过于风靡，一时间，大家的硬币居然不够用，这使得日本造币局不得不紧急生产更多的硬币。

我们可以从《太空侵略者》的成功中学到很多。不过，在这款游戏的灰扑扑的街机占领各大咖啡厅之前，还有两款经典的游戏，那就是桌式足球与弹珠游戏。

这才是我们要讨论的关键问题。

如果退一步，不，退两步，我们就会发现，这些游戏的出现顺序比其他任何事物更能让我们明白，甚至亲身感受到数字化革命的本质。

这个顺序就是：桌式足球、弹珠游戏、《太空侵略者》。

别露出一副怀疑的表情，相信我说的吧。

好好研究一下这个发展顺序吧，尽量在脑海中重新玩一下这三款游戏，按顺序交替着玩，然后你就会发现，从一款游戏跳跃至另一款游戏的时候，总有一些东西流失了，而一切都变得更加抽象，更加轻盈，更加流畅，你会感觉游戏逐渐变得更加人工化，更快捷，也更简约。这就是一种变革。这种变革与将我们从模拟世界带入数字世界的变革非常相似。

这并不是一种大脑体会的变化，更多的是一种身体层面的变革。在玩桌式足球时，我们的手掌会感受到撞击，碰撞的声音也是物体真实发出的，在桌面滚动的小圆球也是真实存在的，一切都是现实中的事物，我们的身体会用力、会活动，还会出汗。玩弹珠游戏时，情况发生了变化，游戏被置于封闭的玻璃罩内，声音大部分是电子音效，玩家与弹珠的距离也增大了。玩家的所有活动都集中在了两个按钮上，弹珠只会给玩家一种遥远的感觉，那是一种可望而不可即的感觉。

在玩桌式足球时，玩家的双手可以在快速活动和精细调整中切换自如；玩弹珠游戏时，玩家只用两根手指操作，虽然能有一些不同的动作创新，但毕竟有限，只有技艺高超的玩家才能实现。至于身体层面，与玩桌式足球时的全身心投入相比，弹珠游戏的大部分环节是不需要整个身体参与的，只有在一些需要改变弹珠路径的情况下稍微借助骨盆的力量——在旁人看来，这种动作还带有某种性暗示。出于这两个理由，长时间玩弹珠游戏也是被禁止的。

现在，我们来玩一玩《太空侵略者》吧。

玩这款游戏也需要大幅度活动身体吗？完全不用。从严格意义上说，这款游戏几乎无须身体活动，屏幕上的小球（也就是游戏中的火星人）不是实体的，游戏的音效也不是现实碰撞出的声音。小小的一块电子屏幕便成了《太空侵略者》这款游戏的全部场地，和人们以往熟知的游戏截然不同。要知道，桌式足球可没有电子屏幕，而弹珠游戏的电子屏幕只能用来计分。一切都变成了非物质性的、图像性的和间接性的样子。如果说真的存在什么现实，那就是屏幕后的算法了，这是只能通过设计者才能修改和加入指令的，而我是无法做到的。乍一看，这款游戏冷冰冰的，有些不近人情，而人们囿于算法，似乎很难大展拳脚，如此一来，该游戏便显得不够有生气，让人兴奋不起来。不过，大家先玩玩看吧，体验一下前所未有的顺畅与轻盈。无须再考虑手柄的摩擦和操作台的限制，那如流水般丝滑的操作，那简明扼要的游戏系统，会立刻带你领略游戏的本真魅力，让你完全投入其中，沉浸在应接不暇的游戏新体验中。我肯定，这个时候，大家就能体会到为什么这款游戏当年能狂揽硬币了。

如果这个时候，你猛然发觉自己的手突然握着桌式足球的操纵杆呢？想必各位多少会觉得有点儿震惊吧？就好比前一秒还在沉静地冥想，后一秒就被传送到一场激烈的讨论中，突然间，一切都变得如此厚重、烦琐、不精确，而且真实得令人厌烦……当然，我并不是在评判这两款游戏孰优孰劣，但两者肯定是完全不同的。你在玩哪一款游戏时觉得更有参与感，体验更鲜活，更能感觉到你自己的存在呢？

试试看吧，在桌式足球和《太空侵略者》之间迅速切换，中间穿插着玩几场弹珠游戏也不错。

照我说的去仔细体会一下吧。

怎么样，你感觉到迁移了吗？

没错，我想用"迁移"一词。事物发展重心的转移，不同景色的变迁，或者你的能力、潜力、感觉或情绪的变化，都是"迁移"。

我所提到的只是这三款游戏，但从一个旧事物发展到一个新事物的这个过程中该有多少东西完成了迁移啊。

不要再浪费时间去比较它们的优劣了，更重要的是集中精神，尝试用一种综合的视角在同一种感觉层面上去体会迁移。没错，用同一种感觉去体会。

感觉到了吗？很好。你现在所感觉到的，便是从模拟到数字的迁移洪流。我们现在已经抓住了这场革命的神经中枢，这是它赖以行动的基础，或者说是它制胜的法宝。

《太空侵略者》这款看上去朴实无华的电子游戏，就是引发这场"地壳运动"的第一块碎片。

无论如何，这款电子游戏的核心——游戏卡中的一个软件，已经完全可以算作数字化的产物了。如果数字化革命的躯体有一根脊柱，那么《太空侵略者》就是它的第一节脊椎。

在世界这一庞大的躯壳下，这节脊椎的作用似乎并不明显，但所有玩家的手指能触碰它，所有玩家的眼睛能看到它，都在表明，这节脊椎的存在毋庸置疑，它就是一个开端。

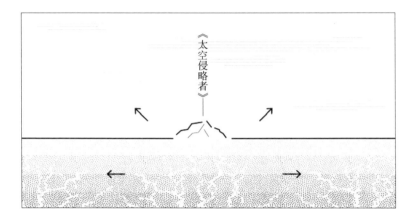

注解　　　　为了让大家更好地理解之后的内容，我再解释一下。我认为，研究这节脊椎与研究整个数字化革命的脊柱同样重要，它们都如同一片考古遗址，我们可以从中探寻隐藏的文明，就像要了解很久以前的生命，我们需要研究化石一样。而思想革命赋予我们的探究精神无疑给了这一研究莫大的动力。要想给大家解释清楚，我必须自己先弄明白。所以，我把这第一节脊椎取下来好好研究，并成功地取得了一些新的发现。

第一点　　　　与常规的桌式足球和弹珠游戏相比，《太空侵略者》这款游戏在玩家的身心体验方面都具有堪称革命性的意义，它的操作简单得不可思议，只需要一个人、一个操作台和一块屏幕。我们还可以说，这是一个人、几个按钮和一块屏幕形成的完美的相互配合。手指负责敲击按钮，眼睛则盯着屏幕。手指一旦发出指令，眼睛立刻就能在屏幕上看到反馈，再加一点儿刺激的音效，整个系统便能很好地运转。这让你们想起了什么？这不正是我们每天都在经历的吗？我们用这种模式完成各式各样的任务，从订酒店到向心爱的人表白。如果大家同意，我们完全可以把这种卓越模式的出现定义为数字时代的来临。就连触摸技术都无法撼动这种模式的地位。不过，需要明确的是，这种模式的创造者并非《太空侵略者》，但这种模式很可能正是通过这款游戏首次呈现在众人面前，并融入无数人的生活。要知道，第一台大众家用电脑（这里"大众"所指的用户量可没有《太空侵略者》等所谓的街机游戏的玩家数量多）是在 1982 年问世的，那台电脑名叫"康懋达 64"。苹果个人电脑在 1984 年诞生，与其相比，《太空侵略者》算得上小巫见大巫了。而智能手机的普及要等到 2003 年。

这样一来，当我们把这个发展过程倒带时，我们不难发现这些大众产品的共同三要素是人、键盘和屏幕。那最先具备这三要素的大众产品是哪个呢？我觉得就是《太空侵略者》，或者说这类电子游戏。

启示　　　因此，我们可以说，通过研究零号脊椎的本质，我们发现了拥有强大的发展潜力并在数字化革命这场地壳运动中屡次出现的一种模式，即人＋键盘＋屏幕。连我在写本书时，也采用了这个模式。（当然，各位现在拿在手里读的或许是本书的纸质版。在这里，我向纸质出版物致敬，它一如既往，不曾消亡。）

第二点　在意大利，桌式足球曾是备受喜爱的必备家用产品，弹珠游戏的外观也做得非常精美，而《太空侵略者》的设备却总是遭到嫌弃。但是，桌式足球设备只能用来玩桌式足球，顶多可以换换球员的队服颜色来增加乐趣；弹珠游戏虽然可以在外观上有更多的创新（比如有些设备的背景设计得非常魔幻，有些甚至还会用穿着热辣的美女作为背景），也可以把弹珠的轨道搞得非常复杂（比如增加障碍和陡坡），但最终只不过是一台弹珠游戏设备罢了，原理还是让一颗小弹珠弹来弹去，没有别的新意。而备受嫌弃的《太空侵略者》游戏设备，却可以迸发无限的灵感。确定了人＋键盘＋屏幕这个模式后，一扇新世界的大门就打开了，里面承载着各式各样的游戏，你只需要更换不同的游戏卡，更别提意大利人喜欢玩的《FIFA 2018》（足球游戏）和《使命召唤》了。只需要设计对应的图形，加入操作指令，再运用比较先进的影音技术，做一款新游戏简直是小事一桩。1994 年，我们钟爱的大神级产品——PlayStation（PS 游戏机）就问世了。

启示　　　　因此，我们可以说，通过研究零号脊椎的本质，我们发现
　　　　　　了拥有强大的发展潜力并引导数字化革命的这场地壳运动
　　　　　　的一种倾向——与其去创造更多美丽的新世界，不如创造
　　　　　　一个独一无二的环境来承载现有的一切世界。换句话说，
　　　　　　不要把时间花在开发没有前途的东西上，而是要创造一些
　　　　　　有着无穷潜力的东西，而它们足以承载一切。

第三点　　　《太空侵略者》是一款游戏。我不知道这样简单的一句话
　　　　　　能否让大家琢磨出其中的深意。想想看，一种隐秘的"地
　　　　　　震"打破了人们以往的生活习惯，而这种革命性剧变的起
　　　　　　始点，或者说至少是起始点之一，居然是人们穿着拖鞋、
　　　　　　不管不顾地开始打游戏的那个瞬间。我觉得这是一个令人
　　　　　　痛心的情况，甚至怀疑这不过是个偶然事件。不过，我当
　　　　　　然也希望，当人们决定围桌而坐、发起一场划时代的革命

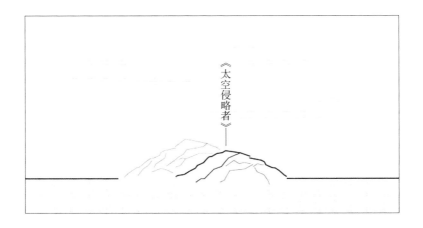

时，正值美好的假日——我们赤脚，把手中的啤酒一饮而尽，宣告新时代的到来，那多爽快！

启示　　因此，我们可以说，通过研究零号脊椎的本质，我们发现了拥有强大的发展潜力并推动数字化革命的这场地壳运动的一种才能。工欲善其事，必先利其器，我们拥有创造工具来改变世界的才能。这种工具就算不是游戏，也与游戏相似。人类好比节日之神，上帝在创造天地万物的第七天休息，而我们就在这一天开始自己的创造。

　　好了，有关《太空侵略者》的话题，我先说到这里。想必大家已经明白了，这么一小节脊椎就能给予我们如此多的启示，这无疑给了我们更大的动力去研究数字化革命的整根脊柱。

　　所以，我们的研究会继续推进。在下一章，我们将找到另一节脊椎，那将会让我们的"考古工作"变得更加丰富多彩。相信我，有趣的还在后头呢。

1981—1998 年　从康懋达 64 到谷歌

古典时期

数字化革命板块在近 20 载成形

　　如果我们想从银河般浩瀚的事件碎片中重塑数字化革命的发展主线，也就是我们所说的脊柱，或者说地壳运动形成的山脉，那我们就不可避免地要以概括的方式进行，而忽略一些无伤大雅的细节，这是一个很重要的前提条件。我们需要记录从这一系列事件中脱颖而出的"高峰"，尽管在这个过程中，我们放弃了一些可能持续了几十年的细微事件。这样的概括方式会帮助我们找到数字化革命进程的关键节点，忽略一些不重要的细节。在之后的内容里，我们将着重谈那些进入大众消费领域的产品，这些产品并非只由精英阶层享有。我知道，这种分析方式显得有些主观，但要搞清数字化革命的来龙去脉，我们首先需要概括性地找出一条主线，而不是过分纠结于细节，在对其准确性的怀疑中徘徊不定。从这个角度来说，我建议大家以俯瞰的视角观察这场革命，就像航拍一样，在某些章节里，大家可能会被迫接受概括性视角所带来的不可避免的误差，不过，一旦有机会，我肯定会带大家向下滑翔，尽可能地进入微观视角去近距离了解一些关键事件。

我向大家保证。

那么，就让我们先暂时忘记《太空侵略者》，准备去攀登数字化革命板块的第一座山吧。让我们回到 20 世纪 80 年代初。

1981—1984 年

在短短四年的时间里，三款个人电脑相继问世，它们汇集了长期的实验成果，在市场上大卖特卖，将电脑这种一度只有精英阶层才能使用的产品变成了大众消费品。即便你不是天才，不是斯坦福大学的教授，也可以把一台电脑抱回家使用。这三款电脑就是国际商业机器公司（IBM）的个人电脑、康懋达 64 和苹果电脑。现在来看，这三款电脑真是太寒酸了，但在那个年代，它们算是非常美观，也非常亲民的产品了。在这三款电脑中，苹果电脑的商业成就相对最小，却是最具创新性的，它首次采用了图形用户界面，并且运用了非常直观的表达元素，比如在桌面上打开窗口，将不用的文件丢入回收站，等等，这些都是与人们息息相关的操作方式，即使是外行也可以迅速掌握其用法。此外，有一个叫作"鼠标"的光标在屏幕上移动。从那一刻开始，人们发现，原来智慧和无聊之间只有这么一层窗户纸。

聚焦 个人电脑的英文首字母缩略词是 PC，如果搞不清 P 这个字母的含义，我们就无法弄清这一切的真谛。

P 是 personal 的首字母，这个单词意为"个人的"。

今天，每个人都可以有一台自己的电脑，这似乎是一件理所当然的事情，但不要忘了，在 40 年前，这件事听起来简直是天方夜谭。其实，在个人电脑问世之前，计算机早就投入使用很多年了，但那时的计算机是存储数据的庞然大物，只有极个别的权威实验室才能配备。在那个年代，想把一台计算机摆在自己的写字台上，真是痴心妄想。

这样说来，真正的天才之举可能并非发明计算机，而是让计算机成为个人也能使用的工具。后者孕育着一种意志，一种将少数人的特权变成大众权利的卓越意志。真是难以置信。所以，当我们看到康懋达 64 的那张老照片时，不要去问为什么它的颜色会那般死气沉沉，而是要明白当时

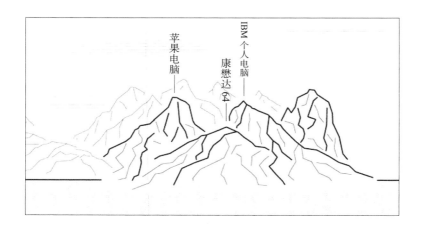

的整个世界都在围绕这台电脑转呢。从它问世的那一刻起，世界开始改变。

1981 年，SMTP（简单邮件传送协议）发布了，推动了电子邮件的快速传播。（2012 年，我们每天发送的邮件已达 1 440 亿封，其中的 3/4 是垃圾邮件。）而史上的第一封电子邮件在这项协议发布的很多年前就成功发出了，那是在 1971 年，发送者是一位在纽约学习工程学的美国人——雷·汤姆林森，当时他 30 岁左右。我还发现，在电子邮箱地址中加入 @ 字符，就是他的创举。

重点　　可以说，当时的电子邮件是通过一张无形的网从一台电脑传送至另一台电脑的，一般人对它的存在全然不知，了解其中奥妙的人把这张网称作互联网。我们可以把这张网想象成一个掩藏在地下的秘境，如果再往下读几页，我们将看到在几年后，此处会爆发一阵巨大的能量，它将引起一场山崩地裂的"地壳运动"，而数字化革命板块中最绚丽的一座高峰将从此高高耸立。

1982 年

这个时候，数字化的浪潮汹涌而至，开始席卷全球，所向披靡。第一张 CD 上市，即将音乐以数字格式录入小煎锅大小的碟片。荷兰的飞利浦公司和日本的索尼公司联合将 CD 投入市场。

第一张上市的 CD 收录了一首出乎意料的音乐——理查·施特劳斯的《阿尔卑斯交响曲》。此外，第一张流行音乐 CD 收录的是 ABBA（阿巴乐队）的歌曲。

1988 年

这一年，数字化进程又到了一个重要的阶段：继音乐之后，人们开始对图像进行数字化处理。也就是在这个时候，第一台数码相机问世了。生产商是富士胶片公司，同样来自日本。

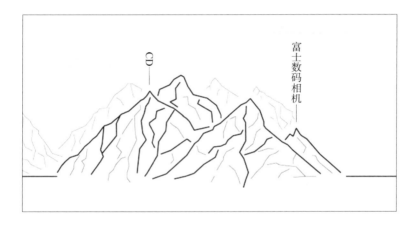

1990 年 12 月

一位名叫蒂姆·伯纳斯-李的英国计算机工程师发明了万维网，其英文首字母缩略词为 WWW。这也是改变世界的创举。

这显然是一个载入史册的时刻。我们生活的世界的很大一部分自此诞生了，即使不久后万维网被更好的创造替代了（这个趋势现在已经有了），我依然会持这一观点。万维网的发明蕴含了一场思想运动，这场运动在短时间内就为几十亿人造就了一个新的惯性思维模式，这种新的思维模式与其他划时代的创举一起，擦出了我们新文明的火花。所以，请大家集中注意力。我需要在这里庄重地提醒大家，因为现在就是把许多事情搞清楚的时候了，至少对我来说是这样的。

尽管你们也许并不爱听，我得先向大家点明一件事：万维网和互联网实际上是两种不同的事物。我知道，这听起来有点儿像没事找碴儿，但请各位少安毋躁。互联网在万维网诞生很久之前就有了，下面我试着给大家讲一下来龙去脉。

一切都发生在冷战期间。当时，让美军头疼的一个问题就是如何在苏联人的眼皮底下进行秘密通信。经过一番努力，20世纪60年代，美国国防部天才般地创造了一个叫阿帕网的系统，这个系统可以前所未有地通过打包数据让相距万里的计算机相连，创造一条与外界隔离的交流路线，从而进行暗中的远程通信，让苏联方面无法渗透与解读。一切情报传递都能在很短的时间内完成，只需要按下一个按键，信息瞬间就传递到另一边了。当然，说"瞬间"有些夸张，但传递速度确实快得惊人。

你肯定意识到了，美军这种信息传递的方式打开了一扇不可思议的大门，而且它的价值绝不局限于军事领域。曾经参与阿帕网开发的几所美国高校也意识到了这一点，将这项技术进行了完善，并将其应用于研究员的计算机。1969年10月29日，加利福尼亚大学洛杉矶分校发出的一条信息即时到达了位于旧金山的斯坦福大学，这条信息瞬间就完成了 550 千米的长途跋涉。尽管它只完成了一半内容的传递，但开发人员迅速进行了调整，第二条信息便成功传递了完整的内容。由此，开发人员为信息的传输搭建了内部通道，实现了高校内所有计算机的相互通信。这样一来，他们就可以用这种方式相互写信了（这些信件在今天被我们称作"电子邮件"）。除了聊天，他们还发送了其他东西，比如研究报告、书籍、图片，甚至是笑话，什么都有。总之，那是很不错的发明。

随后，更多的高校、大企业，甚至美国各州政府都明白了这个新事物的伟大用途，纷纷开始搭建属于自己的信息传输通道，并给这一条条传输通道取了名字：网络。每个人都有自己的网络，每个网络也都有特定的用途、规定和运行机制。然而，这些网络就像一只只罐子，只能实现内部沟通，彼此之间不能沟通，就像不同的语言之间不能沟通一样。也就是说，光靠这些孤立的网络，人们是无法实现全球通信的。如果不是两位美国计算机工程师在 1974 年创立了一项协议，神奇地使世界上所有不同的网络相互对话、实现通信，我们现在还在努力地贴邮票寄信呢。实际上，这项协议就像是同声传译员，每个人都可以用自己掌握的语言发送信息，而它能够瞬间将其翻译成接收对象可以理解的语言。这个协议叫作 TCP/IP（传输控制协议 / 互联网协议），虽然看上去并不起眼，但我们有必要记住它。这项创举取得了无与伦比的成果，打破了各个局域网间的壁垒，在世界范围内建立了唯一一张巨大的信息传输网，有人将其称作"互联网"。

20 世纪 70 年代也有人能够使用计算机，我为何不着重谈？这个问题也很重要。这是因为当时涉及的人数几乎可以忽略不计。那个时候，拥有计算机的主要是一小批精英，但这群人的数量与全球人口相比真的可以说是寥若晨星。那时的计算机只能算是小众产品，能够用计算机的人也许还没有今天打冰壶的人多。也是基于这个原因，这场数字化革命的脊柱在那时不那么明显。我在前文提到，我们致力于记录那些在地壳运动中脱颖而出的事件，也就是那些真正改变大众生活的时刻，它们要等到 1990 年才开始到来。那一年，蒂姆·伯纳斯-李，一位在日内瓦欧洲核子研究组织任职的英国人，创建了万维网。这是我们在数字化革命进程中首次看到欧洲人的参与。之前我们所谈论的都是美国人，并且大部分来自加州。因此，我需要补充一点，蒂姆·伯纳斯-李是用一台美国电脑发明的万维网，那台电脑叫作 NeXT，是由美国加州的一家公司生产的，这家公司的创始人是大家的老熟人了：史蒂夫·乔布斯。

　　那么，伯纳斯-李到底创建了什么呢？他创建的不是互联网，这一点我们已经搞清楚了。那么是什么呢？我了解到，这个问题其实有很多答案，这些答案都不够准确，也不够全面。于是，我决定在这里说一说我心里的答案。

　　先不管万维网到底是什么，伯纳斯-李在创建它时采取了三个具体步骤。

　　在走第一步时，他问了自己一个问题：互联网能让全世界的电脑网络都实现相互连接，为什么我还不满足呢？大家将自己想象成伯纳斯-李教授本人，你现在坐在书房的写字台前，写字台上放着一台电脑。现在，你环顾四周，立刻就能看到书房里的各种家具，柜子有 100 多个抽屉。你一个一个打开这些抽屉，可以看到里面放着各种各样的物品，有项目策划书、笔记、度假拍的照片、情书、医疗处方、披头士乐队的 CD、漫威漫画集、电影院年票、报表等。别人要取这些东西，需要跋山涉水几千千米后到达离抽屉两米的伯纳斯-李教授的电脑前。你也许要问：为什么要费那么大劲儿呢？就算费了九牛二虎之力到了伯纳斯-李教授的电脑前，这台电脑会轻易让你打开抽屉吗？这种方法太愚蠢了，为什么不直接从抽屉里取呢？那么我们现在就直接对伯纳斯-李教授这样说，他听到我们的诉求后，以自己的能力创造了一个新的系统，改变了这些抽屉的布局，允许我们通过最后两米的这段路程，进入抽屉。

当然，他不会把所有抽屉都向你打开，由他来选择打开哪个。当他选定后，他就会将这些要打开的抽屉放入一个系统，通过这个系统，你可以看到它们、触及它们，在这些抽屉之间转一圈，甚至可以把感兴趣的抽屉拿走。那他又是怎么做到的呢？他把抽屉里的内容复制成了数字化的版本，放在一个"地方"，并且称这个看上去简简单单的"地方"为网站。他把这个网站想象成一棵在无限空间里开枝散叶的大树，每一根树枝就是一个网页。那么这棵大树是由什么组成的呢？是由数字化的内容组成的，比如数字化的文本、图像、声音，这些内容都存储在电脑里。而电脑连接着巨大的互联网通道。伯纳斯-李正是通过四通八达的互联网，将这些数字化的小抽屉传输到你的电脑里，让你最终获得想要的内容，比如漫威漫画集（我对医疗处方可不感兴趣）。

不得不承认这太了不起了。

不过，这一步还不算太出乎意料，伯纳斯-李迈出的第二步才是真正激动人心的一步：要让事情变得更加简约、更加精彩，他在所有抽屉间都建立了联系。这就意味着，当我在一个抽屉里探索时，我可以畅行无阻地进入另一个抽屉，甚至不用关上前一个抽屉。实现这一点，得益于伯纳斯-李教授创造的一些"小门"，这些"小门"被我们称为链接。这些"小门"由一些特殊的词构成，它们可不是普通的词。一般来说，它们会呈现漂亮的蓝色，只要我一点击，就进入另一个抽屉了。越来越好玩了吧？刚才还觉得发电子邮件是一件多么超乎寻常的事呢，现在就可以在伯纳斯-李教授的一大堆抽屉里玩耍了。与后者相比，发送一封电子邮件真的算小儿科了。

在抽屉之间冲浪，也就是在不同的网站之间到处浏览，已经够有意思了，但伯纳斯-李迈出了第三步，这让一切都变得更加精彩绝伦。

这位伟大的教授没有将这项专利留给自己或试图出售，而是公之于众（在欧洲核子研究组织的授权下），并且理由非常简单：如果所有人都能通过链接让抽屉相互连接，我们的抽屉就组成了一张庞大的网，在这张网里，每个人都可以畅行无阻，各取所需。这样，我们就会建立万维网，在世界范围内共享资源，无论是文本还是照片，无论是音频还是视频，一切都触手可及。哦，我还忘了一点：这一切都是免费的。

哇。

这样的东西谁不想要呢？

没人不想要，于是有了后面的故事。

1991 年，世界上只有伯纳斯-李创建的唯一一个网站。

1992 年，强烈的愿望驱使人们开设了 9 个网站。

1993 年，全球网站数量达到了 130 个。

1994 年，2 738 个。

1995 年，23 500 个。

1996 年，257 601 个。

截至我写这行字的时候，全球网站数量已经达到了 1 000 284 792 个。

有没有一种星星之火可以燎原的感觉？不过，最让我们感兴趣的还是那些跳动的思想火苗。

在评述部分，我会着重谈那些火苗。数字化革命的这根脊柱，或者说这条拔地而起的山脉，在很短的时间里就改变了世人的固有习惯，而且直到现在，这条山脉每年还在以惊人的速度变高（要知道，就在我写这几行字的工夫，全球就创建了 1.3 万个新网站）。现在，我们暂且将它放在一边吧。（不好意思，我先去趟洗手间，一会儿就回来。就在我写括号里的这些话的时候，又有 1 000 个网站诞生了。我是怎么知道的呢？从以下网址查到的：www.internetlivestats.com。）

就像我说的，我们之后会谈这场运动带来的思想变革。现在，能把这根脊柱找到，并大概了解它是什么已经很了不起了。大家明白了吗？下面，我们回到数字化革命的大事年表上来。刚才我们说到 1990 年。

1990 年

伯纳斯–李创建了万维网，一举改变了世界。

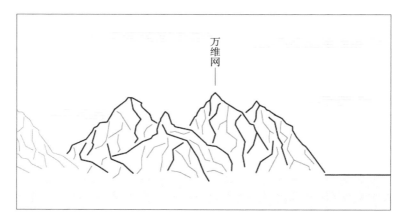

1991—1992 年

这两年间没发生什么惊天动地的事情，可能人们也需要两年的时间从之前那些惊天动地的事情中回过神来吧。

1993 年

一个欧洲研究小组发明了 MP3。这个系统可以将音频文件压缩成比之前还要轻便的格式，这样一来，音频文件的数据量达到了最低值。一种新的概念——压缩应运而生，这个概念之后被用在了静态图像和动态图像上。压缩的理念就是将数字音频中不必要的序列删除（例如音频中一些人耳无法听到的细节），经过压缩的音频，质量会有所下降，但是所占空间更小了，也就更加便于发送、传输和存储。要是没有这项技术，现在大家怎样才能用手机听歌呢？（霎时间，CD 也沦为过去时。）

同年，Mosaic 浏览器发布，这是在万维网上浏览网页最常用的浏览器。它是一项具有决定性意义的创造。实际上，伯纳斯–李虽然开创了一个平行的数字世界，却没有提供完整的服务，所以要想在这个世界中冲浪，就必须成为像印第安纳·琼斯那样的探险者——总之，你得是计算机界的天才。所谓的浏览器，是一套完整的服务，可以让我这样的电脑小白不费吹灰之力就能在网上遨游。只要在电脑上安装浏览器，我就可以无忧无虑地上网了，哪怕我根本不知道什么是网络。（这让我想到漂洋过海的邮轮，不过它只能带我们畅游地中海。）Mosaic 是由伊利诺伊大学厄巴纳–香槟分校的两个大学生发明的，是第一个取得一定成就的浏览器。

现在，Mosaic 浏览器已经被淘汰了，但是，浏览器已经成为人们日常生活的必需品。这些浏览器有苹果 Safari、谷歌 Chrome、IE。没有这些浏览器，网络只能是极少数工程师的消遣品。

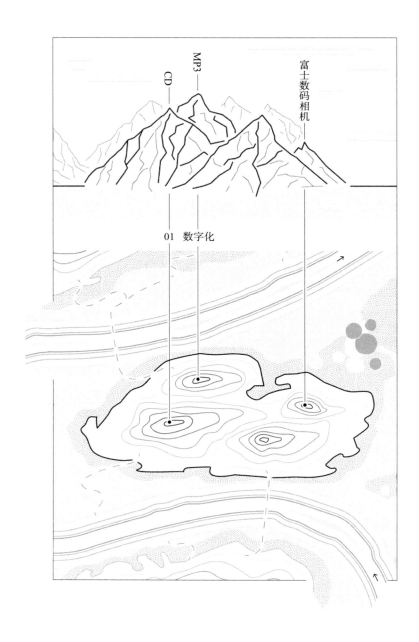

富士数码相机

MP3

CD

01　数字化

1994 年

一家名叫卡达布拉（Cadabra）的公司在西雅图诞生了，大家也许对这个名字感到陌生，但它就是亚马逊公司的前身。公司创建的初衷是打造一家线上书店，在这家书店可以买到全世界的书。想想看，当你想买一本书时，你不用离开写字台，只要打开电脑，选择想要的书，付款，相关人员就会把书送到你家。这听上去是一个疯狂的点子，但杰夫·贝佐斯——提出这个想法的人却信心满满，因为他看到了 1993 年网络用户数量的同比增长率：2 300%。一年之后，他更改了网站的名字。除此之外，他很快就意识到，如果在线上卖的商品只局限于书，那就太愚蠢了。如今，在亚马逊上，你甚至可以买到一辆汽车，更不用说吹风机这种日用品了。

说到这里，我们有必要聚焦贝佐斯的故事，因为这也是数字化进程的一个缩影。为了给亚马逊公司筹集启动资金，贝佐斯找父亲借钱，金额大概是 30 万美元。为了说服父亲，贝佐斯得把他的理念从头到尾讲一遍。父亲听得很认真，却问了一个问题："什么是互联网？"

　　现在听到这个问题，我们一定会觉得滑稽，但它反而帮助我们更好地了解了当年的情形。想想看那些年是什么样子吧。

　　以我自己为例，在那个年代，我正值青年时期，当时的我赚了第一笔钱，惬意地在加州圣莫尼卡海滩边的一家酒店里写一部新剧本。然而，结果不尽如人意，那不是一部好作品。写作之余，我喜欢去酒店外的滨海大道透透气，有一天偶然拐进了一家书店。就在我观赏那些典型的美国式封面（它们的图形设计总是很优秀）时，我从未见过的一本书映入了我的眼帘，我既看不懂，也不明白它的用途，唯一记得的就是一位朋友曾对我说确实有这样一种书。引起我注意的是，这本书就像是一本记载地名、人名或标题（我也搞不清那是什么标题）的目录，每一行的中间都有几个小点、几条斜线和一些缩略词，例如 ch 和 eu 等，我已经很难记清了。总之，它们长得很像，我却都不认识。

　　我的这位朋友应该之前就让我看过类似的东西。当时我可知道那都是什么了，那是网址。我也知道那是多么令人动容的一本书了，它就像是一本网页簿、一本网络黄页。这本网络黄页被放在这么酷的一家书店来销售，足以表明当时还处在数字化革命的初期。书上的网址是按照体育、美食、医疗等领域分类的，除此之外，还按照字母顺序排列好了，这样工整的信息被收录在了一本纸质书里，可以看出当时的人们完全无法预估数字化革命未来会发展成什么样。这还不足以令人动容吗？就像内燃机刚刚出现的时候，人们都在用相当于多少匹马来衡量它的功率一样。当时正是数字化革命的黎明时分，在那个年代，人类的天分与一种无法避免的迟钝和犹豫是共存的，就算是贝佐斯的父亲，也会问出"什么是互联网"这种问题。我当时把那本书买了下来，想送给那位朋友，但我所想的也不过是他在学习一种对我来说没有任何用处的语言，我不过是送了他一本类似日语语法的书而已。实际上，当时的我对什么是网站一无所知，完全没有网络的概念，也对网络的形式和设计理念毫无头绪。更严重的是，我不仅忽视了它的存在，还不知道该把它放在什么范畴里。

我得强调一点，当时我已经大学毕业了，而且我的专业是哲学。我的意思是我并不是个例，贝佐斯的父亲也不是，几乎所有人当时都对网络一无所知。

现在，我们基本上能触摸数字化革命的脊柱了，通过那个时代发生的每一个重要事件，我们的手指已经感受到一节又一节脊椎在当时的真实模样了，尽管它们暂时是软骨，但已经足够绚烂多彩。无论是从概念上还是结构上，它们构成了数字化革命的新有机体，一个由外来材料构成的新有机体。

我的那位朋友如今在写作，顺便说一句，他的著作都很棒。贝佐斯的父亲不会写书，但他当时给了儿子 30 万美元，现在应该连本带利地赚回来了。

好吧。我们回到数字化革命。刚才说到 1994 年，亚马逊公司开张了。不过，那段时间可不只有亚马逊成立这一件大事。

1994 年

IBM 公司研发的智能手机上市了。此前，移动电话已经问世多年，但这部智能手机可以做到普通电话做不到的很多事情，比如，发邮件、安装电子游戏等。然而，这款手机只存活了 6 个月，之后就停产了。看起来，智能手机有些抢跑了。智能手机真正进入大众消费领域还要 9 年。说实在的，我也不知道为什么会这样。

1994 年，PlayStation，也就是我们所说的 PS 游戏机，诞生了。发明者是日本索尼公司。PS 游戏机的问世让家长和子女间的关系发生了很大变化，也让虚拟与现实之间的关系发生了质的变化。我们已经看到了。

1994 年，雅虎诞生了，由此拉开了一系列搞怪名称的新时尚，但无论如何，这当然也是一个历史性的时刻。雅虎门户网站是由斯坦福大学（位于美国加州）的两名大学生创建的，其初衷很简单，就是要把我送给朋友的那本网址黄页淘汰，将这些网址集中在一个网站上。终于有人可以帮助你在互联网和万维网中导航了——只需要一个网站。

1995 年

在将图像数字化之后，人们开始将影音数字化。第一张DVD 开始销售。这依然是飞利浦公司和日本人（索尼、东芝、松下）的创举。DVD 问世两年后，家用录像机就被淘汰了。为它默哀。

同一年，比尔·盖茨推出了 Windows 95，这个操作系统成了所有个人电脑的首选系统，它的可操作性可以媲美苹果电脑系统，但价格便宜得多。对于老百姓来说，没有其他任何理由不买电脑了。如果到了这个时候你家里还没有电脑，那你可就真的是不想去了解时代的发展了。

还是在同一年，eBay（易贝）在美国加州诞生了。这也是一个开放的网上市场，人们可以在这个市场里买卖任何东西。第一个放在 eBay 上交易的商品是一支损坏的激光笔。

1998 年

1998 年是大事年表的最后一年。斯坦福大学的两名 24 岁的大学生（谢尔盖·布林和拉里·佩奇）创建了一个搜索引擎，他们给这个搜索引擎起了个傻里傻气的名称：Google。今天，谷歌成了全世界访问量最大的搜索引擎。谷歌刚刚创建时，全球一共有 60 多万个网站，如果你想做一碗千层面，只需要在谷歌搜索"千层面菜谱"，不到一秒，屏幕上就会出现各种各样的千层面菜谱，并且能按照重要性依次排列。

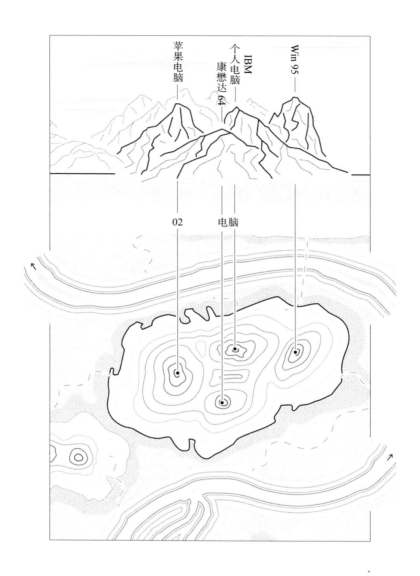

苹果电脑

IBM
个人电脑
康懋达 64

Win 95

02 电脑

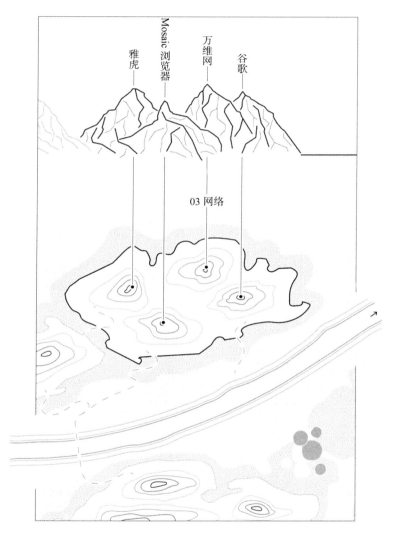

千层面只是一个例子，如果你想搜索复杂的髋关节置换手术，同样有用。令人吃惊的是，如今全球已经有 12 万亿个网站了，谷歌却依然发挥着它的强大功能。打个大家都能明白的比方，如果浏览器为我们提供了在浩瀚的网络之海中遨游的帆船，雅虎这样的门户网站为我们指明了航行的方向，提示了可能的风险，那么创建谷歌的这二位则一下子给了我们一幅标明经纬线的世界地图，上面显示着地球上的各个港口，并按照重要性、舒适度和商业潜力为我们排列好了。谷歌可以告诉我们，世界上哪里的食物最美味，哪里的胡椒最便宜，哪里的娱乐场所最能让人玩得痛快。这也就不难解释为什么谷歌现在是全球最有影响力的品牌了。

除了经济层面的影响，这个时期也孕育了新的思想运动，这些思想运动对日后塑造新文明是有决定性作用的。在这些思想运动中，各种各样的已知逻辑通过变化产生了全新的思维。在之后的评述里，我们会深入谈论。现在我们先看看呈现在我们眼前的内容吧。

✛ 最终截屏

看到了吗？数字化革命的脊柱，这条雄伟的山脉。这就是数字化革命的古典时期，而《太空侵略者》绝对是第一座最具象征性的小山丘，之后的大事件就是一座座真正的山峰，绮丽的山峰。

想不想让我用非常简洁的话概括性地解释一下？我保证连孩子都听得懂。我知道你们想，那么就来看下面这些要点吧。

数字化革命诞生于以下三种行动，这三种行动勾勒出了一个全新的领域。

（1）将文本、声音和图像数字化，就像将地球万物统统还原为液态一样。

这种行动集中在 1982—1995 年，这期间创造的相关产品包括 CD、DVD、MP3。这个时间段差不多与个人电脑的发展时间段相同。

（2）个人电脑的普及。

这是一个漫长的过程。20 世纪 80 年代中期，随着前文所提的三款个人电脑的问世，个人电脑进入人们的视线。直到 90 年代中期，Windows 95 的普及才让个人电脑呈现了井喷式发展，个人电脑逐渐成为人们的必需品。

（3）将所有的电脑都用网络连接。

这种行动从 1969 年创建阿帕网开始，之后经历了万维网的创建，最终在 1998 年以谷歌的问世实现目标。

我们再用一个比喻进一步概括：在数字化革命的古典时期，我们把世界上的一切还原为液态（第一种行动），并建造了一条无限延伸的管道，使液体可以以惊人的速度流向千家万户（第三种行动）；然后，我们为每个家庭安装了精致的水龙头与水槽，作为整个管道系统的终端（第二种行动）。

1998 年，三种行动告一段落。虽然还有提升的空间，但已经很完善了。我们可以很有把握地说，在 1998 年的任何一天里，每一个西方人都可以坐在电脑前，通过电脑进入上文所说的"管道"，连入整个管道系统。更棒的是，我们不但可以从管道中汲取水，还可以自己制造水，通过管道传输给别人。

当然，在管道中流淌的不仅仅是水，只要你愿意，汽水、威士忌也可以。多令人难以置信啊！这是一种全新的情境，因此，现在回过头来探究当时的人们发现自己处于这种情境时会做出何种反应，一方面会让人觉得很有趣，另一方面，人们更会感到这些行动具有多么重大的意义。

实际上，当时的人们用这些管道传输三大类东西：个人信息（电子邮件、研究成果）、商品（亚马逊、eBay、电子游戏）和整个管道系统的图纸（雅虎、谷歌）。当然，我们如果能回到那个年代，就会发现互联网的用途是无穷无尽的，但鉴于现在我们要谈的是主要的脊柱，就可以暂且忽略那些细节，只看日后成为山峰的板块，而组成这些主要板块的就是三样很简单的东西：地图、商品、文件。

从这个角度来说，数字化革命的先驱者与 16 世纪开辟洲际航线的航海家似乎有很多共同点。他们的策略较为传统，就像国际象棋里万无一失的经典开局，即使在行棋过程中藏有一些隐秘的动机，但总的来说，这种开局是很重要的。16 世纪的商船水手周游世界时带的是上帝。传教士传播了一种特定的生活方式。数字化革命同样传播了一种新的生活方式，形成了一种不同的思维模式，这是一种颠覆常规的逻辑，一种对秩序与现实的不同理解。这虽然不算一种宗教，但与之相似——它构建了一种新的文明。

数字化革命早期的行动就像珍贵的文物，考古学家可以从文物中揭示古代人类的生活方式与特点，如果我们也能近距离观察这些行动，并加以研究，一定也能辨认出一些反复出现的共同之处。它们以往并不存在，因此代表了一种改变，是这个时期人们处理事务的全新方式和习惯。

如果想要更深入了解这一时期的特征，就赶快翻到下一章吧，那将会是更加引人入胜的一章。在评述部分，我们会稍稍打破我们重建数字化革命脊柱的步调，但这有助于我们真正去理解。

不过，大家可能现在就想把这本书丢到火炉里，没关系，我理解。不管怎么说，我要进入评述部分了，我喜欢"评述"这个词，它给我一种复古的感觉。

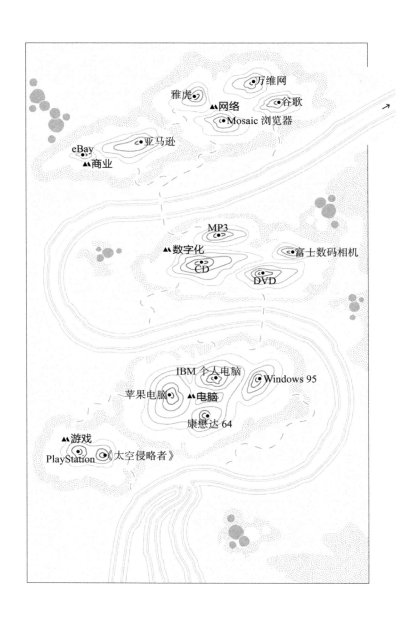

万维网

雅虎●

▲▲网络

●谷歌

●Mosaic 浏览器

●亚马逊

eBay●

▲商业

MP3

▲数字化

●富士数码相机

CD

DVD

IBM 个人电脑

●Windows 95

苹果电脑●

▲▲电脑

康懋达 64

▲游戏

PlayStation●　●《太空侵略者》

评述古典时期

中介的末日

数字化革命的主山脉已被我们重建，接下来我们就可以像地质学家和考古学家一样，登上这些山去探索了。我们要寻找什么呢？

我们要找化石，也就是当初那些人留下的痕迹，这就是我们的线索。

第一块化石几乎一眼就能看到，连小孩子也不会错过，那就是能够帮我们跳过中间环节、直接得到想要事物的东西，这些东西的共性是"跳过"！

一步到位，触手可及。 以商品交易为例：亚马逊直接把图书放在网上卖，跳过了书店（实际上跳过的不只有书店，只不过这是我们能看到的最明显的变化）；eBay 做得更多，它几乎跳过了所有的中间环节，让各种各样的店铺都失去了功能，可以说，它甚至让亚马逊也失去了功能，实现了人与人之间的直接交易，过程中没有任何中介，中间商被踢出了游戏。

同理，电子邮件也颇具代表性，一封封电子邮件风驰电掣，穿梭于用户之间，那邮差、邮票和邮局这一邮政系统将何去何从？显然无路可走了。信封、信纸呢？谁知道。还有更夸张的呢——谷歌这个搜索引擎完全跳过了所有中间环节。以前，人们有不明白的会去请教一些智者，现在，一种隐形的算法能直接把你要找的信息带到你面前，那些智者自然被取代了。

这是一种全新的现象。任何经典开局的棋局中都不会预料到"跳步"这个操作。因此，这种现象更值得我们仔细研究。

用户潮汐。我们可以探究一个有趣的问题：假设这是一场游戏，倘若把所有的中间环节都去掉，玩家的游戏桌上还剩下什么。一眼看去，似乎只剩下这场游戏的管理员了，其与玩家相距万里，几乎从未露面，颇具传奇色彩，赋予玩家使用自己的道具盒子的权利，同时负责系统运营，把控游戏进程，并以某种形式赢利，就像 eBay 和雅虎。这个管理员甚至不是具体的一个人，而是一种超越个人的系统（更多的时候会由很多人组成）。有时，它甚至只是一种算法，就像谷歌采用的模式一样，或者以一种信息协议的方式存在，如电子邮件。它更像是一个由特定规则建立的系统、一个具有组织性的空间、一张干净的桌子、一处开放的场地，只受远在万里之外的某个实体的宽松管理。不可否认的是，这种模式看上去非常自由。

　　但你再仔细观察一下，就会发现，一股新的力量正在这处空旷的场地中留下自己的踪迹。起初，人们甚至无法察觉，就像潮汐，你刚刚注意到，它就退去了。它们正是在这处场地中行动的用户们留下的，比如亚马逊的买家或者用谷歌查询信息的人们。他们在网络世界自由自在地遨游，却没注意到留下了自己的行动轨迹。而管理者一开始就意识到了这些轨迹的重要性。

　　所以，管理者非常谨慎，不但不删除这些轨迹，还将它们记录下来，转换成可读的形式，并开始利用它们，开发它们的价值。最轰动的案例就是谷歌。谷歌希望对各网站进行索引和分级，以便用户轻而易举地找到自己需要的信息。这个想法非常合乎逻辑，但困难的是该选择哪些网站作为最优答案置于页面的顶端。最传统的方法当然是一次又一次地咨询相关专家，将其意见归纳总结，从而甄选最优网站。但谷歌是依靠庞大数据运行的平台，这种方法根本不符合它的运行逻辑，它本能地想要跳过中间环节，实现对世界万物的直接掌控。所以，谷歌不需要咨询专家，那它该怎么做呢？谷歌提出的解决方案正是数字化革命的核心部分，即让用户自行评定孰优孰劣。通过追踪用户的行动轨迹，谷歌很容易就能分辨出哪里的流量最密集，而哪里无人问津。就像我们普遍有的一个认知——大多数人去的地方，当然就是最好的地方，对吧？这个方案延续到了今天，即使谷歌本身并不是专家，人们还是会把它提供的答案奉为真理，毕竟它能够无比精确地汇集数百万人的选择和判断。这个例子还告诉我们一个很重要的道理：

几百万个臭皮匠的观点可比一位诸葛亮的观点更加可信。

所以，我们可以说，在书商、邮差、中间商、专家等职业纷纷消失的地方，仍然存在一个远程的系统，以及在这个系统监管下产生的巨大流量。

这就像一种潮汐效应：一个人在一片受到保护与管理的海洋里自由地游泳时，没有任何人来干预他的行动，但其周围大规模的集体浪潮已经在他不知不觉中将他吞没了。就像一只在火车车厢里欢快飞舞的苍蝇，不管它怎么飞，行进的大方向都是和整列火车一致的。我们能说这只苍蝇是在自由地飞吗？说实在的，我不知道。但对在新文明中想要跳过一切中介，试图直接接触整个世界的人们来说呢？我相信他们至少还是可以相当自由地飞翔的，自由度至少不会比数字化革命之前低。在之前的模拟时代，只有大规模的意识形态流动（比如教堂里的祷告或某些政党的号召）才能形成这种潮汐效应，人们一旦被卷入，几乎是无法摆脱的；而在数字时代的古典时期，它是由革命的主导者定期记录的群众运动形成的。不好说哪一种更受大众欢迎。但总有一天会有定论的，那时会变得非常美好。现在，我只想强调这种跳过中介直接掌控世界的愿望所产生的巨大影响：思想权威的末日。

精英阶层的毁灭。跳过中间环节的结果就是，一些传统的中介面临失业，久而久之，一大批传统的精英就会走向毁灭。邮差、书商、大学教授……所有曾被视为具有特定专业知识、权威甚至权力的精英，都将变得无所事事。这些人逐渐被一种集大众智慧于一身的系统取代，人们在这个系统的保护下，可以直接与各种信息和资源接触。这预示着一个崭新时代的到来——一个没有精英的世界，一个触手可及的星球，一个由集体经验和智慧构成的没有中间环节的世界。

一个不可避免的结果就是，越来越多的人开始相信这个世界不再需要中间环节的精英，并且深信自己被这些人愚弄了很多年。他们环顾四周，在某种可以理解的怨恨情绪的驱使下，开始寻找下一个可以摧毁的中介、下一个可以跳过的环节、下一个可以拉下神坛的权威。如果可以用谷歌替代旅行社，为何不想办法替代家庭医生呢？这种倾向甚至渗入政治领域。近年来，在意大利，选民们更多地支持民粹主义领袖，而忽视了传统政党的中介作用，甚至有时会忽视理性的思考。这种现象也在某种程度上反映了数字化革命带来的影响。但这只是一个例子，并且它没那么重要。

小结：数字化革命从一开始的古典时期，就旨在建立一个触手可及的世界，通过省略所有的中间环节，实现人与事物、人与人之间的直接联系。在这个世界里，每个人的行动都是自由的，在几乎没有任何指引的情况下，我们能够参照他人留下的几百万条行踪为自己导航，因为我们看得懂这些信息，还能将信息进行整合、组织，并以数据的形式呈现。由此，潮汐效应产生，而我们就在这片海域自由地遨游。

在这个阶段结束之后，人们开始尝试一种新的生活，一种没有专家、权威，甚至神职人员的新生活。这种生活非常美妙，人们从中找到了全新的自我。

去物质化

我们回到最开始的《太空侵略者》，回到桌式足球—弹珠游戏—电子游戏这个发展顺序，在这期间，操作变得越来越顺畅、简单，我们逐渐摆脱了摩擦与引力的限制，这是一个逐渐向非物质状态过渡的进程。现在我们可以说，贯穿数字化革命的古典阶段的就是这样一种感觉。

通过数字化，资料和信息变得轻便，不需要太多的物质载体，文本、声音、图像的呈现工具也变得越来越小巧，似乎一切事物都想从现实中脱离，占据越来越少的真实空间。与此同时，电脑的出现实际上让整个世界都进入去物质化的进程，一切都被放在一块屏幕上，人们通过键盘和鼠标（后来，人们觉得鼠标太物质化了，于是鼠标也消失了）就可以轻松操作。此外，人们完全可以通过坐下来敲键盘实现写信和寄信了。当人们在亚马逊上买书或是在 eBay 上买二手自行车时，只有快递配送环节是与现实接轨的，是物质的、可触碰的，之前的一切都是在非物质的环境下进行的，人们对商品的认识只能通过图片和卖家的一些表述，而后者通常只会讲商品的优点，毕竟他们的目的只有成交。

PlayStation 出现后，人们的梦想在虚拟世界中实现了，我们可以体会开跑车、射击，甚至踢世界杯的感觉，只要这种行为不是真实的。当然，我们最后还要提到万维网和之前的互联网，这样的网络实际上也是非物质化的，但确实在现实中存在的"实体"，不过，它们与铁路网和海上航线网络截然不同，你看网络有重量吗？占据现实中的空间吗？是真实的地点吗？能被破坏吗？有边界吗？我们通常无法回答这些问题。游戏中的那些小人又是用什么做的呢？有人知道吗？没人知道。

这就是去物质化。

我试着解释这个词的意思。（当我说这句话的时候，我并不是说要试着用大家都能听懂的简单的话来解释，而是要给我自己解释清楚。我想试着将相关信息汇总成一个有完整意义并可实际使用的形式。）那么，我开始了。从数字化革命的古典时期起，通过一种非物质的体验，越来越多的现实世界变得触手可及。在这种体验中，物质化的元素被精简到了极致。这些早期数字设备的本质似乎就是在与现实隔绝的状态下，将人与人、人与物和人与世界的关系变得更流畅、更简约、更舒适。这种理念仿佛就是要将现实中的一切事物都存储在仓库里，让它们的重量减到刚刚可以被大众消费的程度，但同时保留一切最基本的营养价值。这种理念又仿佛要把现实事物最基本的特征保留，转换成一种人造的语言，使其免受现实的变数影响。再打个比方，人们似乎急于将自己所有的财富汇集到一块很轻的金条上，以便隐藏和携带，它柔软得能被存放在任何地方，又坚硬得不会受到任何破坏。

这时，我们不禁要问：当时的人们在害怕什么？他们在逃避谁？他们建立的是一个类似于游牧民族的流浪文明吗？如果是，那他们为什么要这么做呢？

增强人类

如果说这是一个将体验去物质化或者说将世界轻便化的游牧时代，那么万维网的创建无疑是这一趋势中最清晰、最高瞻远瞩的高潮时刻了。这个时刻确实值得我们仔细研究并体会。

一个比较好的切入点就是历史上的第一个万维网网站——伯纳斯-李在那个网站上解释了什么是万维网。这个网站是万维网发展历程中一块璀璨的原石，具有至关重要的作用。

有个网站用 21 个单词就解释了什么是万维网（不是对我们解释，而是对一个对它完全没有概念的世界解释）。整个首页不到 200 个单词（这就是数字时代轻便简约的一个例子，就像从桌式足球到《太空侵略者》一样）。从第六个单词 hypermedia（超媒体）开始，字体的颜色就已经变成蓝色加下划线的格式了。点击它，就可以进入另一个同样设计简约的页面，第一行用几个单词便给超文本下了定义：超文本是一种非线性结构的文本。也就是说，超文本是用超链接的方法将不同空间的文字信息组织起来的网状文本。

太酷了。一种摆脱线性桎梏的可链接的文本，像蜘蛛网、大树、树叶，或者任何类似的东西；一种可以在空间中天马行空地书写，而不是像传统的那样从左到右、从上到下的文本。当你明白这是什么的时候，你已经置身其中了。你开始跟着伯纳斯-李的思路行动，持续点击那些蓝色的字符，去感受自己在一个间接的、柔软的、快速的几乎自转的轨道上运动，这对你来说是全新的体验。在这样的漫游中，你体验到了一种前所未有的轻盈感。这时，你或许会情不自禁地想用几句话来形容这种感受。有一句话非常动人：万维网没有顶端，人们可以从各个角度欣赏它。几个世纪以来，人们习惯了循规蹈矩，将世界的结构按照从高到低或从大到小的顺序排列，而伯纳斯-李却告诉我们：万维网是一个不分始末、先后和上下的世界，你可以从任何方向进入这个世界，从哪里进入，哪里就是大门，但它永远不是唯一的门。大家能体会到一场宏大的思想革命吗？这不仅仅是一个技术问题或一个物质世界的秩序问题，还是一个思维结构的问题、一个思维运动的问题、一个大脑利用方式的问题。还有一句话在我看来是有决定性意义的，它同样简练：超文本和超媒体都是概念，而不是产品。伯纳斯-李教授意识到，他必须用明确的话向我们说明：这是一种思维方式，而不是买到之后就一直按照同一种想法使用的工具。它会教你转换思维，而如何转换，取决于你自己。

一旦选用了这种思维方式，你就能体会到万维网与互联网的明显不同。互联网的原理是让用户将某些信息或商品装载到一种传输工具上，使其一瞬间就到达世界另一端的用户面前。虽然听上去十分科幻，但它在本质上还是比较传统的，体验感与电报机没什么区别，它不仅存在一些限制，还不能提供任何思维上的启发。但当人们置身于万维网时，情况就完全不一样了。那是一种身临其境的感觉，是自身在遨游，而不是单纯地传输物品。通过万维网，我们可以瞬间到达世界的另一端，随处游荡，拿走自己想要的东西，甚至可以在晚饭前就回家。所以，人们一般说用互联网发邮件（用户不动，动的是邮件），用万维网冲浪（动的是用户本身，世界上的其他东西没有动），这是思维模式和自我认知层面的差异，意识到这种差异的意义重大。正如我们了解到的，整个数字化革命的特点实际上就是要将世界分解成轻盈的、快速的碎片，创造一种类似于游牧式的生活方式，而万维网却更加大胆：它不仅仅想将事物去物质化，还想将整个人类去物质化！从技术层面来讲，它所做的无非将数字信息打包传输，但从感觉和体验层面来讲，它让人类感觉自己就像那些数据一样轻盈、快速、不受束缚。关上电脑，我们就回到了之前的生活方式，变得像大象一样笨重，可一旦进入万维网，我们就立刻变得轻盈，如同我们自己设计的数字产品一样大杀四方。

这种改变或许会走向极端，但我建议大家目前还是应该平和地去看待万维网为人类生活带来的影响。人们在一层一层的超文本之间跳跃，会不断地找到自我，最终认为自己也是"增强人类"。我不想以隐晦的纳粹词汇去形容这种增强人类，也不认为他们和漫威漫画中的英雄有什么相同之处。这里的"增强人类"不是尘世间的神明，也不是超级英雄，而是一种突破了线性思维的人，一种挣脱了单一精神空间束缚的人，一种不被世界限定思维结构和思维方式的人，一种为自己开启更多大门的人。

我可以说，这是一种全新的人类。就是在这里，人们开始认为数字化革命是一场思想革命的产物。这让我们第一次意识到，这种全新的人类是数字化选择的起源，与此同时，他们也很可能是数字化选择的结果。

这是具有划时代意义的转变。

我们暂且将其视为一个无害的阶段：它确实曾是无害的。这是所谓增强人类的前景。我们先将推特、脸书、WhatsApp，甚至人工智能都抛到一边，之后我们会谈到它们的。在这些应用程序尚不存在的时代，出现了一个新的观念，人们想要成为"增强人类"，不再受僵化、机械和缓慢的动作限制。大家期望着世界慢慢分解，任何摩擦都消失，正如《太空侵略者》表现的那样。只不过，这种期望在后来冲出了游戏的范畴，开始发展成一种大众的生活观念。

那时的人们决定以这种前所未有的观念生活，究竟是为什么呢？

超世界

万维网不仅塑造了一种新人类，还为其构建了一个自然的栖息地。这才是这个时期的核心所在。

万维网是如何让小孩子都能玩转的呢？用简单的话来说，它创造了一个数字化的世界副本。这个数字世界并不是在某些高级实验室里被发明的，而是通过汇集所有用户的微观行为创造的，可以说，这是一个由所有用户亲手打造的超世界：只要买得起电脑，进入这个世界的任何经济障碍或文化障碍就不存在，人们可以在这里免费自由驰骋。这真是一件疯狂的事啊！

另外，在这个万维网复制出来的世界里，现实变得比日常生活中的现实更加智能，人们可以无忧无虑地到处浏览，用无穷无尽的经验与评价整合资源，进行各种体验，而这一切都可以在极短的时间内完成。与之相比，真实世界就显得无比缓慢、机械，充满了各种规则和限制。这就是桌式足球与电子游戏之间的本质区别。

尽管看上去很冒险，但我认为我们必须承认，万维网鼓励我们形成的思维模式更符合人类真正的能力，甚至可以说，它是更自然的。举个例子，当我们仔细观察万维网提供的连接系统时，我们会发现它实际上与我们大脑的功能非常类似。我们经常被迫以线性思维的方式思考，但人类在早期阶段很可能并非如此。

一旦允许我们的思维自由运转，它就会不断驱使我们点击各种链接，同时打开很多窗口，永远不会深入探索任何一个事物，因为它本能地会倾向于跳转到其他内容，最终将整个旅程的路线和记忆存储在某个硬盘上。想想看吧，当我们还小的时候，专注于一项作业、一道数学运算题、一页书的阅读时有多么困难。这足以让我们意识到，如果不强迫人类采用线性思维，我们的思维就会以一种与网络非常相似的模式运转。这种思维模式曾经被批评得一无是处，人们认为它无法解决问题，也形成不了有用的经验。但万维网告诉我们，以非线性思维去做事情，反而能够事半功倍，并能形成一种独特而有意义的经验。这不只是说说而已，只要你愿意体验，它就能向你证明。这种现象绝对不能被忽视，因为它在告诉你，你内心如同探险家一般混乱的、无秩序的、本能的一面，和每日如同小军人一样在学校循规蹈矩的一面并无优劣之分。当然，前提是你接受了还有其他海域的存在，在那里，现实被复制并转换成了不同的形式，而这种形式更加符合你的思维运转模式。这才是你应该航行的海域，那是超世界的海域。

万维网创造了一个乌托邦般的游戏场所，它同人类的天性与能力更适配，并对所有人开放。在这一过程中，它实现了一些早已存在的趋势，比如企图通过改变现实世界的习惯使人们的日常生活更为便捷。这些趋势与数字化本身没有任何关系，但无疑为其奠定了基础。

为了便于大家理解，我来列举四个具体的例子：

· 20 世纪 50 年代出现了超市。
· 20 世纪 60 年代电视机开始普及。
· 20 世纪 70 年代，荷兰人开始踢赏心悦目的全攻全守式足球。
· 20 世纪 80 年代出现了廉价航班。

这四种事物是在网络和数字化革命出现之前就存在的（这里是以欧洲历史为标准的，美国历史有所区别），而万维网从它们身上都汲取了经验。不难看出，它们都具有开放、快捷、自由的特点，打破了之前数十年来一些死板、缓慢、闭塞的系统的局限。它们缓解了世界的僵硬感，似乎都突然摆脱了不必要的、破坏性的束缚（例如购物、娱乐、获取信息、踢足球、旅行等方面）。当然，它们也都不可避免地造成了一定的质量流失，甚至是一定的真实性流失。比如，瑞安航空公司航班上不免费提供餐饮；大型超市的售货员不会微笑着和你礼貌寒暄；荷兰国家队实际上没有赢得过世界杯冠军；而与剧院、电影院相比，电视机更像一种退而求其次的选择。但是，这种趋势是无法抵挡的，因为它为人类提供了更广阔的视野，打破了很多繁文缛节和思维定式，建立了一种新的平等关系。

万维网就是在无意识的情况下继承了这些事物的精髓，并用一种既天才又冒险的方式将其发扬光大：与其直接改变现实世界，不如用一种无与伦比的方法邀请所有人对现实事物进行数字化复制，形成无数个网页，直到生成一个完美的副本，让所有人都能在数字空间里体验廉价航班的便捷，在球场各个位置化身克鲁伊夫，把整个星球搬进客厅，不出家门就能逛遍各大超市。显然，这种趋势是无法阻挡的。完胜。

可以说，万维网采用了与 MP3 相似的逻辑，为人类提供了一个压缩版的世界：它采用了一种更便于人类理解的语言，让很多之前称得上奢侈的体验变成了家常便饭。由此，万维网不可逆转地改变了世界的运转模式。那么现在，我建议大家放下手机，或者从摩托车上下来，暂时远离你们的恋人，集中精力，再看一遍这句话：万维网不可逆转地改变了世界的运转模式。这样，能更明白了吧？

如今，数不清的网页与真实世界并存，在一个虚拟的世界里，它们到底是什么呢？它们组成了这个世界的第二颗心脏，它与真实世界的心脏一同泵出现实。这才是万维网真正的天才之处：

这个世界有了两颗跳动的心脏，现实组成的血液在它们的驱动下得以流动。它们紧密相连，和谐跳动，彼此修正，互相替代，这个世界由此有了第二个引擎。

大家要搞清楚：我并不是说数字化增强人类的栖息地就是万维网创造的超世界。这是一个非常复杂的问题。增强人类的栖息地是一个更加精细的缜密的地带，是一个拥有双引擎的现实系统，在这个系统中，真实世界和虚拟世界的区别只是次要问题，因为两者已经合二为一，它们共同构成了增强人类的现实世界。这个世界就是增强人类的游戏场，一个为自己量身打造的栖息地和新文明，一个崭新的系统。在这个系统中，真实世界和超世界交相呼应，在一种无限和永久的创造中给予人们新的体验。

这也是我们目前生活的写照。这种生活方式在 20 世纪 90 年代初开始风靡，经过许多微小的改进，慢慢发展成了今天的样子。每天，我们都要去适应这种生活方式，如果不懂它的游戏规则，我们就可能与世界脱节。

上网

建立一个数字化超世界，让它与真实世界交相呼应，直到合二为一、成为一个由双引擎驱动的系统，这就是万维网的诀窍。在对这个诀窍了如指掌后，我们把它应用在不同的形式中，尽管其中许多已经与万维网本身几乎没有关系了。比如，玩《FIFA 2018》游戏时，已经不用联网了；在 WhatsApp 上收发信息也与万维网本身没有太大关系；用 Kindle（电子书阅读器）读电子书、用约会软件邀请某人共进晚餐或是用音乐软件听音乐时，我们压根儿没在万维网里。

然而，上述活动的原理都是当初掀起革命浪潮时的万维网理念，即让人类在真实世界与数字化超世界之间自由跳跃，慢慢织就一张将这两个世界融为一体的现实之网。从这个角度来说，人们常常倾向于将一切都称为"网络"，从而忽略了万维网与互联网的区别。这种想法虽然不够成熟，但一语中的：在某种程度上，我们认为自己所做的一切都是在上网。当我们在真实和虚拟两个世界之间产生新的现实，当我们用各种软件将超世界中的经验更好地运用到物质世界中时，这都是在上网。我们无时无刻不在上网，这就是我们如今的生活方式，在这个过程中，我们产生新的感受，积累新的经验。如此看来，我们确实是史无前例的新人类，而且在数字化革命的古典时期就已经是新人类了。那时，革命的曙光逐渐照亮天际，我们为这场运动奠定了基础。

要想简单概括这种生活方式，还得从《太空侵略者》这款单纯的游戏中寻找线索。大家还记得那个模式吗？人＋键盘＋屏幕。听起来，它似乎只是一种空间中的物质存在方式，却具有革命性的意义。我们现在知道，这个简单模式的背后隐藏着非常复杂的活动：将真实世界与数字化超世界合为一个由双引擎驱动的新现实系统。我们早已对这个系统司空见惯，但我要指出的是，它无疑是一种天才般的存在方式。而打造这种存在方式的主人是我们。我们就是人＋键盘＋屏幕模式中的人，这个模式就是我们新文明的标签。

在之前的好几个世纪里，人类的文明一直是以人＋剑＋马模式为标签的，那是一个战争的文明，人类的游戏场完全是物质意义上的，马和剑便是人类改造世界的工具。而我们则属于人＋键盘＋屏幕这个新文明。我们的游戏场变得更加复杂，因为它包含两个产生现实的核心——真实世界和超世界。我们坐在真实世界里，却在超世界里遨游：我们在上网。

这就是这个时代标签的准确内涵。大家还有疑虑吗？

机器

人＋键盘＋屏幕模式还以一种非常明确的方式揭示了一个我们不太愿意提及的事实：如果以前的人们没有同意通过机器来体验生活的一部分，那么似乎一切都不会发生。

其实，这不是人类第一次做出类似的决定：伽利略的天文望远镜就是一种机器，当时几乎所有人（当然，少数教会人士除外）都觉得借助这种机器获取知识是一个好主意。近代，人们也愿意用电话沟通，这种机器的出现甚至让人与人当面交流的意愿减少了一半，而唯一的抱怨似乎只发生在占线的时候。所以说，人类早就有与机器打交道的经验了。但是，电脑和超世界的情况有些特殊。

在这种情况下，人类借助机器的力量，不断创造新的现实，占据新的领地，生活在一个膨胀多维的世界里。这与单纯用微波炉加热牛奶大不相同。实际上，电脑不仅可以帮助人类处理现实，如果你愿意，它还可以按照你的意愿创造现实，甚至补足现实。当人们越来越依赖电脑这种机器，并接受它带来的一切影响时，人类就走上了一条不归路——开始用数字机器修正和创造现实。就是这条不归路让如今的人们心生恐惧。这确实是一个应该三思的决定，人们却草率地踏上了第一步：人们在《太空侵略者》中向外星人发射子弹，或网购领带时，似乎并没有去想这些行为会对未来产生什么样的影响。就算有过这种想法，也会觉得报应虽然早晚会来，却不会来得那么早。（早晚有一天，我们会被机器人灭绝的！）这是一种不理性的思考，却可以解释很多人的疑虑和恐惧。

越分析，我越发觉令我惊讶的内容：那些数字化革命的先驱者当初期望跳过所有中间环节，寻求直接掌控全世界的感觉，但这似乎与如今的情况背道而驰——今天，我们做什么都要依靠机器这个中介。很有意思，对吧？这种逻辑似乎有些矛盾，不太好理解。这种结果一定揭示了那些先驱者的某些特征，可那究竟是什么呢？这时候，我想到我前面写的那句话（我似乎有点儿自恋）：PlayStation 出现后，人们的梦想在虚拟世界中实现了，我们可以体会开跑车、射击，甚至踢世界杯的感觉，只要这种行为不是真实的。只要这种行为不是真实的，我们就能得到真实的体验。这一逻辑也有些矛盾。这两种逻辑之间有什么联系吗？它们是否隐含了一些我无法解释的内涵呢？

答案很可能是肯定的。我突然意识到，我无法清楚地理解这些问题，因为我犯了一个错误：我一直在以一种数字化革命出现前的旧观念思考问题。那也没办法，我毕竟是 20 世纪 50 年代出生的，我还能怎么办？跳出那个年代。没错，这就是我应该做的。我应该将自己的思维带入我正在研究的数字化革命先驱者的思维之中。

所以，从他们的角度来说，这些看似矛盾的思维实际上应该是不矛盾的。将电脑定义为中介，可能是 20 世纪的人的想法，而在千禧一代看来，这种想法很愚蠢。他们认为，智能手机与一双鞋、一种生活方式，甚至一种音乐品位并无二致。这种对机器的依赖与数字化革命跳过中介的本能思维并不冲突，因为这些数字设备并不是中介，而是一种自我的延伸，是一种处世方式。举个例子，当你问一个正在用 PlayStation 玩《FIFA 2018》游戏的人，如何区分游戏中的体验和真实世界中的体验，他根本就没有想过这个问题。这种感觉就像让他把蔬菜汤里的蔬菜一根接一根地挑出来，或问他天使到底是男性还是女性一样。天使就是天使，你管其性别呢。在数字时代，哪怕上帝也会说，真实现实和虚拟现实就是合二为一的一碗汤，别多想了！

这样说来，回过头来看那句我认为非常精彩的话：PlayStation 出现后，人们的梦想在虚拟世界中实现了，我们可以体会开跑车、射击，甚至踢世界杯的感觉，只要这种行为不是真实的。我现在明白了，这句话要是放在 30 年前说，肯定能得到一阵掌声，但今天，它不过是这个无比优雅的世界里的一句废话罢了。

是一句纯粹的废话，我得承认这一点。

现在，我想去开一听啤酒了。

流动性

我还要说一件事，这是最后一件，却极为重要。

归根结底，我们如果把数字化革命古典时期的各个微小行动都放在显微镜下观察，就会发现有一种化学物质无处不在，而且是真正意义上的无处不在。它不仅占据主导地位，还在某种程度上具有领先地位，那就是对流动性的执念。

当时的人们竭尽全力地将一切去物质化，尽可能让创造的一切事物变得更加轻盈、更加自由。他们花费大量时间去构建庞大的连接系统，直到建立一个宛如血液循环般让一切事物可以朝任何方向流动的系统才罢休。这些人认为线性模式是一种桎梏，所以努力摧毁一切减缓事物流动的中介，与质量相比，他们更看重速度。最终，他们成功建立了一个超世界，这个超世界打破了人们的固有观念：世界本身不是流动的。

天哪，可是他们为什么如此大费周章呢？

答案是：这是一群逃避的人。这些人逃避的是之前那个对全人类来说都最为糟糕的世纪。在那个世纪，人类经历了一系列灾难，如果把这些灾难都放在显微镜下观察，我们也会从中找到一种无处不在的化学物质，而且是真正意义上的无处不在。这种化学物质占据着无可比拟的主导地位，它就是对边界的狂热崇拜、对各种边界线的执念，以及将世界划分成不同的闭塞保护区的本能。

无论是不同民族国家之间的边界，还是不同意识形态之间的边界，抑或是所谓的高雅文化和低俗文化之间的边界，甚至"高等"种族和"低劣"种族之间的边界——至少四代人笼罩在这样为边界着魔的浓雾中，赴汤蹈火也在所不辞。为了使这些边界不可逾越，他们宁愿献出生命，或者剥夺生命。这些边界是由人类无中生有划分出来的，是捏造的、随机的，毫无疑问是愚蠢的。尽管如此，人类还是为之展开了杀戮。要知道，数字化革命先驱者的祖辈也都曾经参加那些惨绝人寰的杀戮。只是为了捍卫一条边界，或者是将其向前推进几千米，有时甚至只为了推进几百米，数百万人丢掉了生命。不搞清楚这个背景，我们就无法真正理解这场数字化革命。祖辈的战争结束后没几年，所谓的精英阶层就把自己孤立起来，各民族之间的文化交往停滞了，信息交流的世界一片萧条。当时的人们，也就是数字化革命先驱者的父辈，生活在一个荒谬的世界里，在那个世界，奥斯威辛集中营可以在少数人知晓的情况下建立，原子弹也可以在不经慎重讨论的情况下投掷。他们自己也是在这样的环境中长大的。每天早晨，他们在一个被铁幕一分为二的世界中醒来，怀揣着对核威慑带来的世界末日的恐惧走向学校。而精英阶层在自己的特权中武装，在平民无法踏足的房间里操纵一切。这并非发生在一个未开化的野蛮世界里，而是发生在当时的西方，那是一个几个世纪以来一直传承崇高理想和价值观的文明。悲剧是，这些灾难并不是无法预料的偶然结果，而是西方文明的原则、理性和处世方式所带来的不可避免的结果。

任何在 20 世纪生活过的人，都觉得那些灾难不是意外，而是一个特定思维体系所带来的合乎逻辑的结果。情况本可以更好一些，但如果放任这样的一个文明按照它的规律发展，迟早会发生类似的悲剧。那么如何避免呢？

解决方案就是让一切都流动起来。

从一开始就让一切都流动起来。

抵制边界，打破壁垒，建立一个让任何事物都可以流动的开放空间。消除闭塞。让流动性成为头等的、必要的、毋庸置疑的价值观。让它如图腾般存在于人们的信仰中。

这种直觉相当敏锐：20 世纪的经验告诉人们，放任禁锢的体系在闭塞中发展，这种体系最终就会退化成贪婪和灾难性的巨石，随之而来的就是理智的丧失。观点会变成狂热的信念，民族主义情绪会演变成盲目的侵略，精英们会在僵化的特权阶层抱团取暖，真理将不再纯粹，谬误反而被追捧，无知将放大野蛮，文化将消弭于愤世。唯一的解决方案就是阻止这个分裂的世界陷入长期闭塞的停滞中。无论是人、思想还是各种事物，都需要"重见天日"，拨开云雾，进入一个更加有活力的系统。在这个系统里，世界的摩擦被降至最低，而流动性则占据更高的地位，成为主要目标和唯一的基础。

我们今天的世界就是在这个决定的基础上建立的。

如今这个文明的很多特征只有在我们将流动性视为首要目标，

并且一开始就视为唯一目标时才能解释清楚。

流动性，就是把至少一个世纪以来充满残忍杀戮的世界拯救于水火之中的解药。我们没有太多时间来考虑不良反应和禁忌，要赶快行动，事不宜迟，因为我们要拯救的是整个世界。

看一眼数字化革命古典时期的这些日期，我们甚至能大致琢磨出当时的情况。在数字化革命初期的准备工作之后，第一个重要节点出现了——1989 年，柏林墙倒塌了。在墙倒塌的那 5 分钟里，一切壁垒都被打破了，西方人意识形态中的墙也被推倒了，随之消失的还有边界和分裂的价值。这个事件就像一扇打开的窗户，我们一下子从闭塞的世界钻了出去。由此，数字化革命进程与人类的集体运动相辅相成，朝同一个方向齐头并进，全球化和欧盟的诞生就是两个最明显的标志性事件。实际上，在较短的时间里，人们便挣脱了很多枷锁，在一个开阔的场地里建立了新的游戏规则，而流动力是这个新游戏中最主要的能力。解药开始在全球传播，并开始发挥药效。这个时期的西方人进入了一个崭新的时代，他们打破了几个世纪以来掠夺的传统，开始意识到和平才是最佳的发财之道，开始明白任何政局混乱或军事冲突都会成为阻碍地球自身流动的障碍，继而会阻断财富、商品、理念和人文的交流。所以，与道德和信念因素相比，人类选择和平更是出于自身的方便，毕竟和平主义可以应对任何危机的考验。

事实的确如此，和平主义帮助人类应对了各种危机，即便在有人企图用一条新的、神话般的边界将世界再次一分为二的时候也能支撑。

现在，我们终于可以提出一些问题，比如廉价航班是否会破坏旅行质量，谷歌是否让人们失去了地理研究能力，等等。这些问题提得挺有水平。但很多人居然开始思考再建几道墙似乎也不会有什么麻烦，甚至怀念当年的精英阶层。真是好了伤疤忘了疼。我们还有很多工作没有做完呢。

所以，今天我便带大家回到一切的起点，好好理解我们采取的第一个行动，它先于一切，是解释一切的基础：我们把流动性放在了最优先的地位。我们必须先从字面上理解这一点。如果把流动性视作存在的一切的义务，你就会发现，无论是简单还是复杂的，你都能从中体会流动的感觉。不要奢望你的子女会在一定时间内只做一件事情，也不要奢望固定的工作总是排在首位，更不要奢望昨天晚上的真相在第二天还是。

如今，一切需要在非流动性的环境中才能体现意义的事情，都会散发出 20 世纪的气息，让人隐约觉得不祥。

正是因为这一点，我们才更偏爱那些处于流动状态的系统，并且努力避免事物在闭塞的环境里走向腐烂。我们甚至会根据事物产生或容纳流动性的能力来做出评价。在我们眼中，任何真理或奇迹如果不能汇入某种有意义的集体洪流，就失去了作用。因此，事物为了存在，总倾向于以一种不断流动的形式发展，而非停留在一个确切的点：越来越多的事物没有所谓的起点与终点，它们的意义存在于不断变化的轨迹中。

宛如流星余迹。

我们就这样无休止地流动着，看似有些神经质，又有些漫无目的，有时甚至会让我们对自身产生怀疑。我们常把这归咎于机器，但有必要纠正一下这个逻辑关系：是我们将流动性作为首要目标，而机器只不过是我们专门制造以达成这个目标的工具。是我们自己选择跨入这个越来越轻盈的世界，甚至在这场数字化革命的伊始，我们就已经做出了这个决定。那时，我们必须抛弃摇摇欲坠的旧世界，必须创造一个新的系统，逃离旧世界。有些人看到了，远方真的有一片应许之地。

世界地图 1

　　我们现在所做的工作是从尘世中发现数字化革命的山峰，而不是爬这座山。要把这座山峰当作考古文物来研究，可不仅仅是在日落时分描摹它的轮廓。要想证明在距今甚远的时期发生的地壳运动，从而找出一切的源头，我们需要努力地挖掘。这项工作是枯燥的，需要耐心和等待，需要埋头苦干。现在，我们终于完成了挖掘工作，第一幅数字化革命的地壳运动图呈现在我们面前。这就是我们要找的第一幅世界地图。

　　在这幅地图上，我们可以窥见一个新文明的曙光，以及它出现的原因。

　　这个新文明发轫于一个被灾难笼罩的世界。那时，整个世界的原则和价值观既复杂又致命。革命先驱者的祖辈父辈在这些原则和价值观的蛊惑下，不惜以他人的生命为代价实现自己的目的，也让自己饱尝死亡的滋味。而罪魁祸首便是以不容置疑的统治操纵这一切的精英阶层。他们沾沾自喜地发号施令，殊不知正是自己将长达一个世纪的世界变成了人间炼狱，让那几代人成为第一批可以用武器进行自我毁灭的人。这是一种自相矛盾的遗产：一个看似高雅的文明却给自己的后代留下了悲惨的结局。

　　就是在那个时候，一种本能驱使一部分人悄悄逃离旧世界和旧传统，逃离自己的历史和文明。这群人有两个要扳倒的敌人：（1）固有的令人不安的原则和价值观体系；（2）捍卫这个体系的精英。这两个敌人无比强大，根植于当时的建制之中，数百年来屹立不倒，并且具备久经考验的智慧。要挑战这两个敌人，可以选择正面开战，这就意味着人们需要创造新的价值观、理念和原则。这与人类之前某些阶段所做的一样，即在开放的思想领域掀起一场意识形态战争，比如启蒙运动。

不过，这些制订逃离计划的人也目睹过"理念"制造的一场场灾难，所以一开始，他们对自己的理念也是有疑虑的。另外，其中很多人都来自一个技术化、理性化、实用主义的男性精英阶层，如果说他们有什么天赋，那也是体现在解决问题的方面，而非拟定某些概念体系。所以，这些先驱者本能地想在根本上解决问题，于是，他们决定干预各种事物的运作。他们着手解决问题（任何问题，哪怕只是寄一封信），在这个过程中，他们有条不紊地采用能够一点一点将自己从旧世界剥离的解决方案。那些方案不是最优解，或许也不是最有效的，却能摧毁旧文明的壁垒。他们深知，自己所在的旧文明是一个建立在稳定性、永恒性、无数边界和分裂神话之上的世界，于是系统性地选择了一种能够使流动性、可变性、多样性融合并能最大限度消除壁垒的方法。他们深知，这种旧文明极为依赖神职精英操纵的中介系统，因此想办法跳过一切可能存在的中间环节，让中介无用武之地，从而把神职精英踢出游戏。在做这些事情的时候，这些人选择了一种快速、激烈且残酷的方式，带着一点儿焦急、不屑的情绪，甚至还有一点儿复仇的愿望。与其说这是一场革命，不如说这是一场起义。他们就地取材，窃取了一切可以窃取的技术（互联网技术实际上是他们从军方那里窃取的，也可以说，是从敌人那里窃取的）；他们把各大高校当作仓库，随时带走有用的东西；他们对革命的受害者没有一丝同情（当亚马逊抢了传统书店的生意时，没人看见过贝佐斯有一丝惋惜）；他们没有意识形态宣言，也没有明确的哲学观，甚至没有特别清晰的指导纲领。

这些人并不是要建立一种普世理论，而是要开创一种普世实践。如果非要说这种实践在开创时有什么哲学文本，那就是这些了：谷歌的算法，伯纳斯-李的第一个万维网网站首页，苹果手机的开屏画面，等等。这都是实物，不是理念。它们是机制、物品、解决方案、工具。那些人就这样采取了一种不需要特殊理论支撑的战略，从一个文明的废墟中逃了出来。他们有计划地选择了能够抵制敌人的方法来解决问题——崇尚流动性，淘汰中介。这是一种狡黠的方法，也是一种不可阻挡的、很难对抗的方法。他们在几乎所有体验中应用这种方法：从买一本书到度假拍照，再到探寻"量子力学"的意义。这种方法开始蚕食权力的庞大宫殿（学校、议会、教堂），并从底层开始渗透，在无形中解放了整个世界。这种感觉有点儿像在 20 世纪文明的表层下挖暗道——总有一天，旧文明的一切会轰然坍塌。

现在，我们能理解的是，由于这一系列实践具有促进流动性、打破中介壁垒的功能，它们首先催生了第一批工具，这些工具成了之后那片数字银河的基础：一切数据的数字化、个人电脑、互联网和万维网。之后，人们用这些工具掀起了一场真正的思想革命，它前所未有，势不可挡——体验的去物质化、超世界的创造、增强人类文明的进入、真实与虚拟双引擎驱动的现实，以及人＋键盘＋屏幕的新模式。

那么，新的问题出现了：上述场景是他们想要打造的吗？这个世界是他们预先确定要建立的吗？这个新的游乐场是他们经过一番头脑风暴创造的吗？我们可以给出一个很有信心的答案：不是。这些人从未想过未来的世界会变成什么样，他们想的只不过是从旧世界逃出去；他们没有针对人类的计划，只是急于瓦解束缚他们的东西。不过，作为问题的解决者，他们的基因里确实存在着一种强大的调整能力，这让他们在不断解决问题的过程中，逐渐创造了一些他们未曾设想的场景。正是由于这种强大的调整能力，他们才能将这些全新的场景转化为各种高效的事物，这些事物不断为他们推翻 20 世纪人类的暴力武装提供了帮助。在这一点上，我们必须承认，这些人确实是天才。当然，他们有时也会犯错，走进死胡同，朝着没有希望的未来进发。但是，在大多数情况下（也就是我们谈到的数字化革命的主线），他们都能以一种惊人的方式回到这场革命的主要目标。不要忘了，他们是先驱者。最终，他们成功设计出了一个全新的游戏场，而这绝非偶然。他们精准地策划了他们期望的游戏玩法。当他们掀起这场狂潮的时候，他们根本就没有想到有朝一日会出现谷歌这么个东西，但当他们最终看到其诞生时，他们很清楚，那是他们这场思想革命的产物。于是，只用了很少的时间，他们就将谷歌用作推翻敌人的战略堡垒。再看看超世界的例子：一般来说，在这个全新维度的世界出现后，人们会下意识地将它用作堆积事物的仓库。但我们的数字化先驱者却从超世界中看到了起义胜利的希望：如果能将现实世界融入虚拟世界，为现实世界的心脏增加一些数字化跳动，就会进一步将人类与那个半瘫痪的旧世界分离，从而可以进一步避免重蹈 20 世纪的覆辙。

与此类似，将增强人类理念发扬光大，也是一种从内部消除精英概念的方法：在某种程度上，增强人类理念赋予了所有参与这场数字起义的人新的权力，而这些权力之前只掌握在少数人手中。毕竟，让神职人员下岗的最好方式，就是让所有人都能创造奇迹。与此同时，数字化已经渗透各个信息领域，让整个世界变得更加轻盈，充满不稳定性。这种模式的出现是为了使流动更便利，显而易见，它以一种四两拨千斤的方式让任何物质在各个方向流动。在这个时候，如果还有谁想试图划分界限，搞种族隔离，私藏原子弹，或者在奥斯威辛集中营里工作，那就只能祝他好运了。

因此，这些先驱者虽然不知道最终的路通往何方，但可以确定自己没有走得太偏。第一批使用个人电脑的人肯定不会想到有朝一日会出现万维网，发明 MP3 的人也不会预见多年后会诞生 Spotify 这个音乐平台，不过，仿佛存在一只共同的罗盘，将这些个例排列起来，画出了一条直线，而这条直线的前进方向就是那次胜利大逃亡所指引的方向。现在，我们终于可以回答之前没能回答的问题了。还记得吗？那是基于我们的恐惧所提出的问题：

我们能够确定这场技术革命不会盲目地带领人类走向失控吗？我们选择了这场革命为我们提供的一些技术工具，得心应手地使用它们，但有人事先评估过这些工具的使用会对我们的生活方式、智力，甚至善恶观产生什么样的影响吗？盖茨、乔布斯、贝佐斯、扎克伯格、布林、佩奇这些人的背后，是否存在着一项关于人类的计划？或者只不过是一些杰出的商业创意在不经意间造就了某种新人类？

好，现在我们可以不假思索地回答了：不是的。实际上，这些"数字化起义之父"根本就没有一份明确的为全人类准备的计划，他们只不过被一种逃离灾难的本能驱使，而这种本能有效地调整了他们创造的一切。这又让他们开始憧憬一种新的文明，一种令任何人都能轻易感觉到连贯性与和谐的文明。这种感觉类似于我们在一些时期感受到的圆润感，比如启蒙运动时期和浪漫主义时期。不论最终的结果是好是坏，这都将是一种连贯的、和谐的、发展方向明确的、必要的文明。

就是这样一种感觉。

那么，至少有一点是可以确定的：我们如今的文明并非出于偶然。它的创造过程是可以追溯的，它的发展方向也是建立在特定逻辑的基础之上的。我们并不是盲目发展进程中抖落的残渣。我们有我们的历史，我们就是历史，那是一段充满反抗的历史。

说到这里，想必已经有人拍案而起，提出反对意见了。

"好的，谢谢你的纸上谈兵，但你将硅谷描述为具有丰富历史意识的自由革命者的巢穴，听起来就像是一个安慰人的童话故事。除了这些理论层面的内容，你能拿出一些真实的历史实例吗？"

既然这个问题实际上是我提给自己的，我当然已经做好给出答案的准备。我要给各位讲一个故事。这次咱们不谈理论，只谈实例。请大家听好，我长话短说。

2005 年 6 月 12 日，旧金山斯坦福大学。那是烈日炎炎的一天，在人山人海的体育场里，史蒂夫·乔布斯给那年的毕业生做了一场演讲。后来，这场演讲的内容被誉为他的一份精神遗嘱。

这场演讲以一句堪称经典的话结尾：求知若饥，虚心若愚。乔布斯指出，这句话并不是他自己想出来的，而是来自一本书。他解释道，"这本书曾是我这代人的《圣经》"，是"一种比谷歌早了 35 年的谷歌"。那是一本非常神奇的书，名叫《全球概览》，它收录了能够让人们在地球上独立自由生活的一切物品包括工具。内容包罗万象，提到的物品都可以在生活中找到或买到，读起来很有意思。比如，它告诉人们如何织毛衣，如何使用惠普电脑，什么是大地测量学，第一批山地自行车是什么时候发明的，如何在自家菜园种有机蔬菜，如何埋葬去世的亲人，还会及时通知人们第一代合成器的新消息。如果要找到一个事件，将这些事物都联系起来，那么只能是加州的反主流文化运动了。这场运动由"垮掉的一代"掀起，由嬉皮士发扬光大，影响了一大批大学微机室里的书呆子。而乔布斯就是这些书呆子中的一个（他的床头柜上就放着那本书），更重要的是，数字化起义的主要人物是那一代人。我怎么知道的？请接着读。

《全球概览》这本书的作者是斯图尔特·布兰德，他总穿着带流苏的鹿皮夹克，到处拍摄美洲原住民。他在旧金山一带生活，大学专业是生物学，他曾公开声称自己服用某种致幻剂。除此之外，他对改变世界相当感兴趣——如果真能做到。他是反主流文化人士。他还有一个小习惯令人好奇，那就是他总爱游荡于加州各大高校和企业的微机室。他可不是去看门或者跑龙套的，恰恰相反，他称得上那个领域的领军人物。1968年，道格拉斯·恩格尔巴特在旧金山秋季联合计算机会议上举办了一场颇具传奇色彩的演讲，他在会上做了一次权威报告，向全世界展示了第一只电脑鼠标、第一场电话会议、第一个书写软件和第一台交互性计算机。这位令人敬畏的发明家身旁站着一位助手。他是谁？就是斯图尔特·布兰德。就是他（要是不提他在数字化领域的贡献，也许大家会把他想象成一个乱弹吉他的嬉皮士）最先从理论层面将这场数字化起义定义为一场追求解放和集体反抗的进程。他认为电脑可以让每个人重获个人权利，他还将网络空间看作一片应许之地，认为网络这一平行世界里形成的社区就是嬉皮士进行实践活动的最佳平台。1974年，他提出了一个所有人都觉得是天方夜谭的词：个人电脑。总的来说，他就像一位先知，虽然没有预见未来的一切，但至少预见了很大一部分。

斯图尔特·布兰德就像是乔布斯心中的英雄，这让苹果公司的诞生带有某些加州反主流文化运动的色彩，但这只是次要的。这个故事真正要告诉我们的是：斯图尔特·布兰德只不过是这场数字化起义的冰山一角，他的身后隐藏着一个完整的世界，在这个世界中，人们通过编程软件对抗建制。从这个意义上说，这些关于数字化的行动能带来片刻的欢愉与放松。我知道，对欧洲人来说，这是一件比较费解的事情，因为在欧洲人的印象中，工程师就算不处于权力的中心，也是建制内的。在欧洲，如果你的小叔子是工程师，你根本不认为他会去闹革命。但是在当年的加州，一片新的栖息地应运而生，在这片栖息地上生存的工程师给自己取了一个别名：黑客。他们一般留着长发，吸食毒品，对建制深恶痛绝。仔细想想原因吧。在那个时期，10 个想要推翻建制的人里有 5 个参加了反对越南战争的游行，3 个远离城市、回到小镇生活，剩下两个在计算机部门里通宵开发电子游戏。我们这本书要讲的就是这两个人的所作所为。

这就是为什么我可以肯定地说这是一场起义，是一场数字化起义，发起者自己也深知这一点。掀翻旧建制的桌子就是他们的初心。我知道，大家可能接受不了将扎克伯格想象成一个自由的卫士，但我们现在所说的时间并不是 2018 年，而是一切开始的黎明时分。现在我们知道了，这个黎明是由明确的反抗本能照亮的。也许并非所有人都能看到这场起义带来的社会影响，大多数参与者都是建制的厌恶者，他们要努力把自己从这块土地上剥离。

他们以惊人的决心采取了一种策略，一种大多数人都没有想到的策略，正是他们中最敏锐的人捕捉到这种策略的可行之处。你们觉得这个人会是谁呢？还是斯图尔特·布兰德。他将这种策略总结成了三句话："许多人试图改变人类的本性，但那完全是在浪费时间。你无法改变人类的本性，但是你可以改变工具，可以改变技术。通过这种方法，你就可以改变文明。"太精彩了，我甚至想把这三句话作为本书的题记了。

安全上垒！反对者三振出局！

最后，我还要讲一件事情。让我们再俯身好好看一看这场数字化起义的第一节脊椎吧，我们还能找到另一块至关重要的化石，它在这幅数字化革命的世界地图中占有举足轻重的地位。它像一小片星云，又像一种化学反应——人类与机器的融合。这是人们做出的一个绝对冷血却英明的选择。做出选择的那一刻，我们就必须承担它会带来的风险。我们意识到，如果不借助一些机器设备拓展我们的自然技能，我们就无法从任何建制中逃离。最先做出这个选择的人正是数字化起义的先驱者和各种新生事物的创造者。正是他们不畏艰险，在极短的时间内将一种看似不自然的模式具体化，为攻克 20 世纪文化的固有壁垒带来了希望。人＋键盘＋屏幕这种模式就是他们设计的。要是他们中的大多数人是人文主义思想家，我怀疑他们是否还会弘扬这种模式，毕竟，在某种程度上，这是研究工程、计算机和科学的思想占主导地位所带来的结果。

正是这种由他们的知识背景产生的"冷血"，让他们抵御住人类可能经受的各种诱惑，最终用机器实现了惊人的创举。我们现在的任务之一，就是搞清楚这个选择是否真的让我们受益。我们之后会解开这个谜团的，我保证。

至于现在，就让我们带着第一幅数字化革命的世界地图回到1997年，看看在新的游戏规则制定之后，真正发生了什么吧。我们可是有了一点儿底气的。不要忘了，那时，这场数字化起义还只是一场刚刚兴起的地下运动。在很长一段时间里，参与这场运动的只是少数人，其中大多数躲在车库、学校和秘密网站中。他们的发明创造非常尖端，却很少有人问津。作为意大利人，这一年发生了令我骄傲的一件事：意大利主流报刊《共和国报》开通了网页版，创造者还给它取了一个感人的名字：远程报刊。从某种意义上说，在那一年里，全球各地的数字化起义都处在起步阶段，而大多数人甚至不清楚自己到底在干什么。对下一秒会发生什么，连博彩公司都不愿意开出盘口。这场起义最终会被强大的制度和传统的精英阶层扼杀在摇篮里，还是会继续钻到世界的表层下方挖掘隧道直至它崩溃，没人知道答案。一件可喜的事情是，现在的我们可以准确地重建这场起义的来龙去脉了。下一章的内容更加精彩。

音乐响起来！

1999—2007 年　从纳普斯特到苹果手机
数字殖民时期
征服万维网

　　经历了古典时期，游戏场已经建好，关键棋子也被放在正确的位置。现在的问题是：人们到底会不会玩呢？要搞清这个问题，以下的一些数据或许会有帮助：

- 开场哨吹响的那一刻，互联网用户有 1.88 亿，占全球人口总数的 3.1%。
- 网站有 241 万个。
- 亚马逊有 150 万个用户。
- 35% 的美国人家里配备了电脑。

　　让我们把这组数据放在一边，先按时间顺序回顾这几年，再回过头来看看这组数据吧。

　　准备好了吗？我们出发吧！

1999 年

一位 19 岁的年轻人迷上了叔叔的电脑，经过几个月的编程，他开发了一款新软件，给了当时的人们一个新的玩法：如果你的电脑里存有音乐文件，那么你可以用这款软件将这些音乐文件免费发送到任何一位有电脑的人那里。突然间，花钱去买 CD 消遣的日子成了过去时。这个年轻人叫肖恩·范宁，这款软件名叫纳普斯特。

两年之后，纳普斯特被认定为非法软件，但这块馅饼的滋味早已让人欲罢不能了。仅仅几个月的时间，纳普斯特这个名称就变得如雷贯耳（肖恩·范宁登上了《时代》杂志封面）。这个事件为大众的想象力开创了一个轰动的先例：实际上，只要你头脑清醒，充分理解伯纳斯-李教授的理念（将所有人的抽屉连接起来），就可以将这个世界搞得天翻地覆了。就像这位美国年轻人在仅仅 19 岁时就凭一己之力将唱片行业击垮了。当然，这一举动必然招致了所有精英的唾弃，比如歌曲创作者。可以说，纳普斯特的例子表明了这场起义中最激进的一派可以做到什么程度。这是一种极端的、无条件限制的自由。

2000—2001 年

围绕第一批互联网相关企业形成的互联网泡沫在这个时候破裂了。实际上，在此前的一段时间里，很多投资商将钱投到那些承诺做互联网生意的企业，但在 2001 年，这些投资中的一半都打水漂儿了，原因很简单，这些互联网企业制造的产品并没有得到消费者的认可。也许大家会问：难道这些人在一夜之间都幡然醒悟了吗？其实不然，第一批醒悟的人出现在 1997 年，但从 2000 年开始，这间脆弱的纸牌屋就开始倾倒，连锁反应持续了好几年，最后崩溃的时候，美国 52% 的互联网企业都经营不下去了，没有倒闭的企业也摇摇欲坠：互联网泡沫破裂前，亚马逊的股价为每股 87 美元，泡沫破裂时，它已经跌到每股 7 美元。我想，在那一刻，贝佐斯的爸爸应该坐不住了，要给当年找他借钱的儿子打电话了吧……

就其本身来讲，这场灾难的信号很明确：一切似乎都结束了，世界不再需要新的创造，数字经济的一切都会回到沉重的实体经济时期。

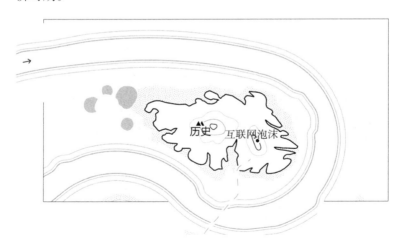

然而，一切远没有结束，我们还可以从另一种角度来理解：在灾难来临的时候，人们才意识到原来互联网的世界是真实存在

的，并且如此庞大。由此，人们对这些互联网企业有了一定的认识，更重要的是，人们意识到原来有那么一群与众不同的人，他们每天早上醒来想到的第一件事就是如何用互联网赚钱。他们是数字化革命坚定的拥趸，以至于陷得太深，最终失去了理智，把自己的筹码胡乱堆在游戏桌上。当这些人由于过度狂热而失去理智的时候，我敢打赌，一些不寻常的事情肯定会随之发生。我还要补充一点：就像暴风雨一样，这场风波也会淘汰那些弱不禁风的干树枝，而在风波肆虐后存活的，无论是否摇摇欲坠，都是真正强健的大树。从某种程度上说，这场风波仿佛是天意……

在维基百科上，我们可以查到当时倒闭的互联网企业的名字。那里就像一片令人回味的墓地，静静地埋葬着一个个数字化美梦，如同马斯特斯笔下的《匙河集》。

我去看了一眼这些公司，因为我觉得可以从它们身上找到这一时期数字化革命发展的蛛丝马迹，这些痕迹或许并不属于最高的那几座山峰，也不属于最明显的那根脊柱，但同样引人入胜。我点进去，便再也出不来了。那里有那么多精彩的故事。你们知道的，墓地总是充满惊喜。

Kozmo.com。这曾是一家位于纽约的在线配送公司，它承诺 1 小时内就能免费送杂货上门。配送用的交通工具除了自行车，还包括地铁和公交车！这家公司存活了 3 年。

Inktomi。这是一个搜索引擎，它的名称来自美洲印第安族群拉科塔人的语言。我在读谷歌的创始人布林和佩奇的传记时，就已经听说这个名称了。在他们创建谷歌之前，已经有一些搜索引擎了，但这二位之所以决定创建谷歌，原因之一便是他们认为那些已有的搜索引擎太糟糕了。Inktomi就是一个很好的例子，在这个搜索引擎上搜"Inktomi"词条，什么内容都不会出现，也就是说，这个搜索引擎连自己都搜不到！这就不难解释为什么布林和佩奇觉得创建谷歌是必要的了。在互联网泡沫破裂后，之前坐拥370亿美元市值的 Inktomi 被雅虎以 2.35 亿美元收购。

Pets.com。这是一家销售狗粮的线上平台。当时的人们自问：我们为什么要到网上去买狗粮呢？因为你们的狗没法出门自己去买，这就是 Pets.com 的回答。这家公司存活了两年。

Ritmoteca.com。有一些操之过急的公司，比如这一家。它实际上是最先在线上销售唱片的，比 iTunes（数字媒体播放应用程序）还要早 3 年。其总部位于迈阿密，主要的产品是拉美音乐，也卖麦当娜和 U2 乐队的专辑。之后，纳普斯特出现了，音乐直接被免费送到各家各户，这个网站的结局也就可想而知了。

Excite。还有一些勇敢的先驱者，比如这个门户网站。它由一群学生于 1995 年创建，当时这些学生得到了 400 万美元的启动资金（真是生在一个好时代啊）。网站做得很不错，也小有名气，但就是没法赢利。2001 年，Excite 破产了。破产的前几年，还有两名大学生到这家公司的办公室里推销他们创建的一款搜索引擎，标价 100 万美元。可能是由于"谷歌"这个名称过于傻气，Excite 公司的员工们大笑一场之后，就将这两名学生赶出了办公室。

好了，我不能再讲故事了。不过，大家也能感受到，这些公司的故事还挺有意思的。

你们知道决定写一本书要做出多少牺牲吗？

算了，扯远了，上帝保佑。

2001 年

9 月 11 日，震惊世界的"9·11"恐怖袭击事件发生了。这一事件自然也给数字化革命带来了很大的冲击。原因有很多，最直观的就是恐怖袭击活动给数字化革命所需要的和平环境和目标带来了风险。先是互联网泡沫破裂，再是这次袭击事件，数字化革命遭到了组合拳般的沉重打击。然而，我们也不应该忽略"9·11"事件以这样一种惨烈的方式传达给世人的信息：原来，国与国之间的边界已经形同虚设了，传统意义上的战场已经不复存在，连战争的定义也已经变得模糊（恐怖主义是什么呢？巴黎巴塔克兰剧院恐怖袭击事件的凶手就是法国公民，那样的战争叫什么呢？法国内战吗？）所以，说到底，"9·11"事件是一道惨烈的难以忘却的晴天霹雳，它让人们意识到数字化革命带来的局面：人们要习惯在一个开放的空间里进行任何游戏，这个空间可能会有规则，但绝对不会有边界。如果战争都变得这么有流动性，更不用说足球赛事等日常游戏了。

带着这种反思，我们回到"9·11"事件，美国当时的反应同样发人深省：美国发动了一场老式战争，认为需要跨过边境，去消灭看得见的敌人。就这样，美国对萨达姆领导的伊拉克发动了战争，这场不必要的战争带来了严重的后果。今天来看，这场战争可以被视作对新数字文明的一种原始反应：搞不清数字时代的游戏规则，还坚持按照以往的旧规则行动。实际上，这种行动随处可见，我们自己可能也会犯同样的错误。这是一种很怪诞的做法，荒唐地将尊严、骄傲与令人难以置信的嘲弄混为一谈。这让我想起了在某些足球比赛中，裁判吹响终场哨后，有些球员才将球踢进了球门。他们没有听到哨声，投入在盲目的欢呼雀跃中，既幸福又孤独。可以说，他们沉浸在自己的世界里，度过了漫长的一段时光。他们是英雄，同时也是小丑。

再比如，现在的学校有时依然会采用传统的教学方法，每天清晨打开校门就像终场哨响起后进的球。大家已经意识到这一点了，不是吗？

同样是在这一年，第一本线上百科全书——维基百科诞生了。这就是用户每天都在创造超世界的典型案例。在谱写这本百科全书的时候，用户跳过了无数中间环节，显然也不再需要那些传统的学术精英了。理论上，当然也是实际上，任何人都可以编写、修改和翻译维基百科上的词条。那还不乱了套？有句话叫"三个臭皮匠，赛过诸葛亮"，维基百科的底层逻辑也是如此：让地球上的所有人参与编纂有关意大利的词条，难道不比让几位资深学者来写更全面吗？令人难以置信的是，事实的确如此。我还需要指出，这同样是民主制和普选制采用的理念，这两种制度没有人会质疑吧？

　　维基百科是由两个美国人创建的，他们是白人、男性，30多岁。其中的一位名叫拉里·桑格，这位有点儿特别：他是数字化革命先驱者中为数不多的有人文学科背景的——他是一位哲学家，大学的毕业论文是与笛卡儿研究相关的。实际上，数字化革命中的大多数灵魂人物都是工科出身。我承认，这确实让人印象深刻，但与另外一项统计数据相比，就显得平平无奇了：在数字化革命的先驱者中，只有一位女性（这太不可思议了，就连西部片里也会有多位女性）。另外，维基百科的另一位创始人，也是初期的资助者，之前学的是金融专业。从长远来看，他们两个绝对少不了争吵，这显而易见。

2002 年

领英。它的创始人或许是第一个具备社交网络思维的人。他的名字是里德·霍夫曼，来自加州。霍夫曼也是一位罕见的具备人文学科背景的数字化先驱者——他的专业是认知科学。他第一次想到可以利用万维网将不同的人连接起来，是为了解决一个我从来都没有碰到过的问题：在社区里找到能和他一起打高尔夫球的人。这件事发生在 1997 年。5 年之后，他创建了领英，这是一个将求职者和招聘者连接起来的平台。对本书来说，领英的创建具有里程碑式的意义：这是人类第一次通过数字手段为自己制作一个副本，并将数字化的自己上传到超世界里。大家都明白，此举会带来多么不可思议的进展。

大家记住，就是在这一年，我们已经进入了一个数字数据超过 50% 的时代。我要强调的是，我根本就不知道这是怎么实现的，甚至不知道这到底意味着什么（什么叫数据？）。但是，既然这一年发生了这么一件颇具传奇色彩的事情，似乎也一定意味着什么。显然，我们希望相信，这场数字化起义在这一年已经得到了大多数人的支持，开始进入争夺权力的阶段。在我看来，这一年可以作为一道颇有意义的分水岭。我们姑且这么认为。

2003 年

黑莓 Quark 手机开始销售。这是一个历史性的时刻,因为这是第一款真正意义上被大众握在手里的智能手机。虽然那时候用智能手机的人并不多,但至少那些与时俱进的人已经开始使用了。黑莓手机并不只是一部电话,还是一种可以放在口袋里的袖珍电脑。你当然可以用它打电话,但这并不是最重要的一点,最重要的是人类终于首次脱离了电脑,通过这么小巧的设备,实现了便携式的人 + 键盘 + 屏幕的模式。

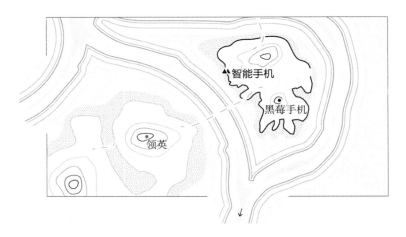

大家试着以那个时代的思维思考,就知道这是一个多么重要的转折了:实际上,黑莓手机实现了人们 7 天 24 小时不间断与超世界的连接。当时,有一部分人的生活状态的确是这样的:他们就像是一群无法自控的瘾君子(当时的人甚至为他们创造了一个词,叫"黑莓成瘾症")。不过,与我们今天的情况相比,这些人用智能手机的频率可能不算高。不好说。我记不清了。

　　对我来说，这个历史性的进步反映在了两个画面中，这两个充满曙光的画面至今还留在我的脑海中，一个在东京，另一个在纽约，这绝非偶然，毕竟当时的意大利只能算作数字帝国的边缘地带。在东京的那个画面里，街道上有来来往往的几千个年轻女性，她们手里都拿着手机。我想强调的是，她们并不是将手机从兜里掏出来再放回去，而是一直拿在手里，就像拿着一把装饰性的扇子一样。我本能地认为，这是文化初步融合的结果，手机对她们来说就像是烟民抽的烟、近视的人戴的眼镜，不是工具，而是一种"假肢"，不是中介设备，而是一种自我的延伸。这些女孩看过的书可能不及我看过的书，但在那一刻，她们却用放在手机键盘上的拇指给我上了一课，让我看到了我之前根本想都不敢想的人类学突破。她们一边玩着手机，一边嬉笑、聊天、吃饭，还吃着冰激凌。她们的一举一动都离不开手机，她们是数字化革命的写照。

　　而在纽约，我认识的一位年轻的意大利平面设计师成了纽约客，他做事总是领先他人一步，会设计很精致的封面，很爱炫耀自己的络腮胡——后来，我发觉所谓的时髦人都会留这样精致的胡子。有一次，他突然掏出了一部黑莓手机，我当时以一种近乎厌恶的眼神看着那部手机，他却对我说："没有黑莓，你怎么活呢？"听到这句话之后，我自负地向他摇了摇头，那是一种我无法忘却的极端而又天真的自负，这种自负当然来自我过时的无知。他让我弯下腰近距离看了一眼那部手机，那种感觉就像让我弯下腰做尿检一样。手机的键盘非常小，就像专门给仙女身边的小矮人用的一样。他还向我展示了它的屏幕，告诉我他如何在坐地铁时在手机上看托尔斯泰的小说。天哪，他可是一位为纸质书做封面的设计师啊！那一刻，我需要理解的东西太多，但我记得很清楚的是，当时他说我什么都没学会，但在某种程度上，我只是把这些东西先放在了一边。总有一天，等我的文化水平足够的时候，我肯定会重新打开黑莓手机，去好好了解一下其中的奥妙。现在我可以这么做了。

2016 年，黑莓破产。黑莓手机并没有达到它期望的高度。

Skype 是一种即时通信软件。就在人们忙活着往手机里增加电脑功能的时候，也有人开始尝试将电脑改装成手机了，这样甚至不需要话费。各干各的。这里有一个有意思的细节：创建 Skype 的两位企业家分别来自瑞典和丹麦，而这个项目的开发部门在爱沙尼亚。在美国发明家和企业家成群结队上路的时候，欧洲的两位居然挤进去了，这属实罕见。上一个例子发生在 10 年前，我们已经讲过了，是 MP3。

2003 年，脸书的前身——Myspace 诞生了，一年后，脸书问世。Myspace 的诞生标志着人类在超世界的最终着陆。之前，人们只在超世界里发送商品和信息，做生意，创造了各种童话世界和平行世界。而在这个时候，人类真正走进了超世界。我需要好好解释一下，这里说的"走进"指的可不是像在电子游戏中一样在超世界中游玩，而是真的存在于超世界中。举个简明易懂的例子：阿黛尔是拥有上亿唱片销量的现象级歌手，在 19 岁那年自录了 3 首歌曲，随后，她的好友们将这 3 首歌曲上传到 Myspace，反响十分热烈。在现实世界里，当时还没人知道阿黛尔是谁，但在社交网络上，阿黛尔已经成了不折不扣的明星。突然有一天，英国知名唱片公司 XL Recordings 向阿黛尔抛来了橄榄枝，她本人还以为那是个玩笑呢。对于当时的人们来说，适应现实世界与超世界的双引擎并非易事，还有很多人对在这两个世界间转换产生了疑虑和恍惚……

2004 年

2 月 4 日，脸书诞生了。最开始，这个社交工具只对部分高校的大学生开放。到 2006 年，脸书将用户群扩大到所有 14 岁以上、拥有电子邮箱的民众。2017 年初，脸书的月活跃用户已接近 20 亿。这或许是数字化革命的数字殖民时期最值得大书特书的案例。如今，每两个意大利人中就有一个会定期乘着脸书的风帆在超世界里遨游。这是一种没有任何圣人引导的大众行为。在之后的评述中，我们会好好探究这种大众行为是有意义的，还是简单的疯狂跟风行为，这一定很有意思。

2004 年，Flickr 诞生了。简单来说，它本身只不过是人们发布照片的一个社交工具。但有趣的一点是，在这样的情况下，人们没有把真实的自己投入超世界，也没有用自己的面容、真实的生活记录或具有个人色彩的聊天方式在超世界里畅游，而是直接在超世界里展示了自己眼中看到的一切：自己眼中最好的一切。相机成了人类的另一个自我延伸，这是一种很精致的自我展示（在宴会上介绍自己时，你会展示最好看的照片吗？）。实际上，这个平台取得的成就无法与脸书媲美，但是这种数字殖民的方式在今天的照片墙或色拉布（Snapchat）中还能找到，这足以表明这个平台在改变人类思想方面的先导意义。我还要补充一个有些自相矛盾的细节，其独特性不容忽视：Flickr 的创始人之一叫卡特琳娜·费克，据我所知，她应该是数字化起义军中唯一的女性。

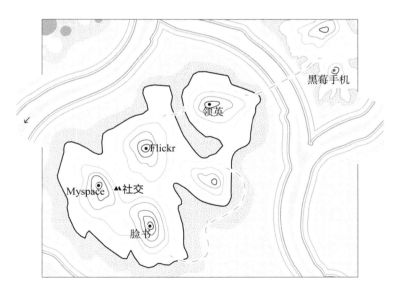

唯一的女性。（《连线》杂志曾透露她的家长不让她在家里看

电视，于是她只能靠写诗和听古典音乐消遣。真是让人动容啊。）

蒂姆·奥莱利是一位爱尔兰出版商，古典学出身。他提出了"Web 2.0"这个概念，主要是为了区分万维网的第一阶段和第二阶段。在 Web 1.0 时代，用户大多数时候处于被动状态，无论是在网络上查资料还是浏览信息，得到的都是已经制作好的内容；而在 Web 2.0 时代，网络开始具有广泛的互动性，用户可以直接参与超世界的创造。这是一道很有意义的分水岭，将数字殖民的含义诠释得淋漓尽致：这个时代的人们已经不局限于占有超世界的土地了，而是开始一起设计、创造和耕耘超世界的新大陆。这一点，奥莱利在大约 20 年前就意识到了。

2004 年 9 月 22 日，电视剧《迷失》的第一季在美国 ABC 电视台播出了，全美线上观看人数达 2 000 万。《迷失》并不是美国第一部电视剧，举个例子，《黑道家族》早在 1999 年就已经开播了。但我之所以选择《迷失》，是因为它也许代表了电视剧这种新型叙事产品兴起并延续至今的重要节点。我们把电视剧放在这里讨论，是因为它实现了电视这种传统媒体与电脑这种新媒体的融合。电视剧在全球范围内取得成功，从根本上说还是得益于这场数字化起义，它带着数字化的基因密码，是数字化革命最成功的艺术表现形式。

正是因为这一点，我把电视剧也列入数字化革命的行列，在之后的章节中，我们肯定会深入研究一番，但不是此时，因为此时，优兔诞生了。

2005 年

优兔诞生了，如今它已成为全球第二大网站，每分钟就有 400 小时的视频被上传。想象一下这个庞大的数据背后是怎样一番场景：你会看到很大一部分人将他们现实生活中的经历浓缩成了一连串的视频片段，在超世界中存储和传播；需要的时候，他们再把这些视频从超世界中找回来，而有时候这么做纯粹是因为好玩。如此一来，人们在现实世界和超世界之间的迂回行动得到了进一步的巩固。不管这些视频的内容有多傻气，或是多精彩——比如，有人拍摄了蜘蛛用自己织出的网成功捕获一只可口的猎物，一口将其吞掉——人们都认为这算是一种经历，可以作为视频上传到平台上。

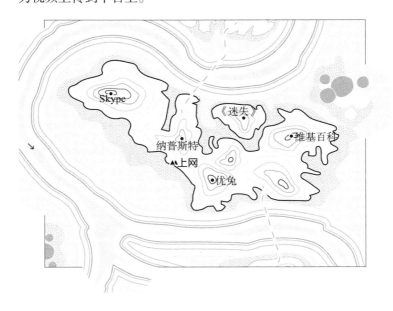

2006 年

　　推特诞生了，要理解它的意义，首先要从 SMS 短信业务讲起。多年来，人们一直有在手机里输入文本来传递信息的想法。从表面上看，这似乎是一件没有必要的蠢事（让车载收音机烤面包不是更实用吗？），但实际上，手机文本信息是有一定意义的。既然电话经常长时间闲置，那为什么不在通话的间隙用它传递一些数字化的短信息呢？在 20 世纪 80 年代中期，人们就已经开始在这方面进行探索了，也做了一些实用性的试验，似乎这个想法确实可行。原理很简单，就是使打包的数字化信息符合通信线路所要求的大小，这也是为什么早期的短信最长只有 18 个字符。经过一番改进，短信的最大长度变成了 160 个字符。之后，人们没有打算进一步提高这个上限，因为人们发现，即使在一张明信片上，能写 160 个字符也已经很了不起了。不过，手机短信成为大众消费品还是经过了很长一段时间。第一款具备收发短信功能的手机是诺基亚 1011，这款手机在 1992 年问世。还需要指出的是，当时手机短信的普及并不顺利。据统计，在手机短信业务开通的第一年，诺基亚用户平均每个月只发一条短信。真是让人思绪万千啊。单纯的人类。不过，一段时间之后，人们就意识到了两件事：第一是发短信比打电话便宜，第二是写文本比通话更实用。

　　2006 年，仅美国用户全年发送短信的总量就达到 1 590 亿条。也就是在这个时候，推特问世了。实际上，推特只是把两个形势大好的东西——短信和社交网络结合了。这种结合非常出色，创建了一个非常便捷、高效、讨喜的平台，在全球范围内获得了巨大成功。当时，推特最吸引人也最让人头疼的一点就是，每一条信息的长度不能超过 140 个字符。实际上，作为一条短信，这个限制再正常不过了，但当时大多数的人都认为这会带来一场文化灾难——将自己的思想浓缩至短短 140 个字符的新人类诞生了。

真是一群野蛮人。

就在我写这段话的时候，时任美国总统特朗普刚发布了一条谈论时政的推特。

你们明白吗？这件事的重点不是特朗普能用仅仅 140 个字符谈论时政，而是一位美国总统居然开始用这样一种通信工具表态了，而这个工具一般是我的修车师傅用来评论尤文图斯足球队的比赛的。

这个发展太快了，我一定是遗漏了某个重要步骤。在之后的评述中，我会再仔细看看的。

2007 年

亚马逊推出了 Kindle 电子书阅读器，并承诺它将取代纸质书。这是一个标志性的开端，具有极其重要的意义。纸质书在数字化起义与 20 世纪文明的博弈中竖起一座图腾般的堡垒，因此，它是二者的必争之地。

需要指出的是，贝佐斯将筹码押在了他的线上发行渠道上，但他并不是第一个采取类似行动的人。早在 2000 年，斯蒂芬·金就只在网络上出版了他的新书《骑弹飞行》，读者需要将电子版的图书下载到自己的电脑上看。起初，斯蒂芬·金以 2.5 美元的单价销售这本书，后来，他开始在线上免费发行。在这本书首次发行后的 24 小时里，下载量达到了 40 万次（也许其中很多人只是想试一下到底能不能在网上下载书籍，我也不知道下载量为什么会这么多）。还需要指出的是，第一个下决心推出电子书阅读器，也就是依靠电子墨水专利制作的电子书阅读设备的，是索尼公司。2004 年，索尼推出了 Sony Librie 电子书阅读器，但现在没什么人还记得这个名字，这应该也能说明一些问题吧。

如果你们想知道这场围绕纸质书的战役结果如何，或许电子书发展最迅猛的国家——美国能提供一些数据参考。自2007 年以来，电子书的销量从未撼动过纸质书的地位。不过，2011 年，电子书的销量已经差不多与精装书的销量持平了。一年之后，电子书的销量甚至超过了精装书的销量，并在之后的三年里将其远远抛在后面。在这个阶段，美国人最常问的就是：纸质书会消失吗？现在提这个问题的人越来越少了，可能是因为在 2016 年，电子书的销量出人意料地下降了，而精装书却在不知不觉中反败为胜。没有多少人注意到这奇迹般的反转，尤其是那些曾因为电子书后来居上而痛苦得满世界嚷嚷的人。不知道纸质书和电子书的这场博弈到底会如何收场。

大结局：2007 年 1 月 9 日，史蒂夫·乔布斯登上了旧金山莫斯克尼会议中心的舞台，向世界宣告他重新发明了智能手机。然后，他开始向观众展示一个小物件，它就像一个很薄的烟盒，做得既简约又雅致。我们很快就知道了它的名字：iPhone（苹果手机）。

iPhone 之于市面上其他智能手机，就像是当年的《太空侵略者》之于桌式足球。显然，它领先其他智能手机好几代。毫无疑问，它的发明者推倒了一切传统的逻辑，从零开始思考一切。

都不用开机，光看外形就知道这款手机有多超前。其他智能手机的表面被密密麻麻的小按键占领，它们冷笑着看你手忙脚乱

地操作，iPhone 则只有一个位于下方的圆形功能键，按上去很舒服，也很有安全感。当其他智能手机都狂妄地认为自己就是一台小电脑时，iPhone 这台真正的小电脑却假装自己只是一台游戏机。不得不说，它伪装得很出色。

　　iPhone 还有一个让人叹为观止的功能，那就是触摸技术。不用触摸笔，不用鼠标，不用键盘，不用触控板，没有光标，直接用手指触碰屏幕就能拖动和打开手机桌面上的应用。它虽然有键盘，但键盘只在你需要的时候才出现，况且这种虚拟键盘没有真正的按键，只有几排字母供你点击（这也是一种《太空侵略者》般的轻盈感）。这是一种无法抗拒的舒适感，就像用手抓饭后放进嘴里一样，乔布斯深知这一点。我真建议大家找出那次推介会的视频好好看一看，乔布斯的手指在屏幕上自由翻飞，就像在抚摸一只蝴蝶，而台下的观众则已深深陶醉其中了。现在，大家已经对这种触摸技术见怪不怪了，但在那一天，乔布斯打开了 iPhone 的通讯录，像从屏幕上赶走一只苍蝇一样用食指轻轻一滑，通讯录的名单便开始如同一块大理石一样顺滑地向上滚动，速度越来越慢，最后停了下来。那一刻，台下观众仿佛过了电一般突然战栗，爆发出孩童般惊喜的掌声。我发誓，有人甚至发出了尖叫。乔布斯只不过是在翻阅通讯录啊，我的天！大约 10 分钟后，乔布斯开始展示如何缩小和放大一张图片。他将拇指和食指放在屏幕上，然后轻而易举地将这两个手指合拢或分开，图片随即缩小或放大。那一刻，一些事情正在发生。那一刻，就像人与机器达成了和解，人工制造的事物最终变得自然。

有些东西融化了，机器变得温顺，逐渐成为人类思想和躯体的延伸。

　　几年之后，iPhone 已经成了大众消费品，我们全家都折服于这家能把充电器卖到 50 欧元的公司，自然也都买了 iPhone。有一天，我偶然目睹了一件现在来看非常平常的事情，但我觉得有必要在这个时候提一下。当时我儿子还小，只有 3 岁。有一天，他爬到了家里的一把椅子上，去看我放在桌子上的一张报纸。他并不是想去读那张报纸，当时他的智力还没有那么高。吸引他的是报纸上一位球星的照片。他爬到椅子上想看得更清楚，而我在旁边的屋子里看着他，提防他从椅子上掉下来。令人惊讶的是，他没有掉下来，反而做出了当年乔布斯在众人面前做的动作：用手指在报纸上的那张照片上划了一下，又划了一下，重复了好几遍。他确定什么也没发生以后，居然露出了一点儿厌烦的神情。随后，他开始用大拇指和食指做出了在 iPhone 上放大图片的动作，那张照片还是没有任何变化。于是他就在椅子上一动不动地待了一会儿，盯着那张照片。我知道，他正在丈量一个文明的失败，那是我的文明。从那一刻起，我明白了，我儿子长大以后肯定不会再看纸质报刊了，在学校里也绝对会经常惹麻烦。我还要补充的一点是，我们家继承了萨伏依王朝的很多传统价值观，其中一项就是钻牛角尖，所以我儿子也是一个不见黄河心不死的人。他并没有放弃，做出了一个让我觉得既具理性又富有诗意的举动。

他翻了报纸，看看照片的背面是不是有什么不对劲儿。也许是为了检查一下是不是需要按一个开关，或者是不是要换电池。谁知道！

照片背面是一篇关于意大利国家篮球队的文章。

最后，我看到儿子爬下椅子，带着如同爵士乐手结束演奏时的表情。我不知道该怎么形容，请想象一下，一位爵士乐手在演出之后，与保洁员告别，然后套上大衣准备回家的表情。

差不多在那件事发生的同一时期，我有一位去美国加州拍电影的朋友回意大利休假，下飞机后，他在米兰马尔彭萨机场遇到了一件窘迫的事情。我记不清当时他是要去停车场取车还是要买公交车票，总之，他需要用一台自助售票机。我当时不在场，这件事是他讲给我听的。他坚持要讲，因为他说这件事让他学到了很多，尽管他也不知道究竟学到了什么。他是一个很聪明的年轻人，在加州生活了几年，经常在网上买菜。而这样的他站在自助售票机前，却笨拙得不知道怎么操作。自助售票机的屏幕上有一堆图标，于是他开始用手指触摸屏幕，但自助售票机什么反应都没有。他继续执拗地触摸着屏幕，依旧一无所获。就在这时，一对和善的中年夫妇走到了他的身旁。

他从来没有见过这对夫妇，但他确定他们是米兰郊区科洛尼奥蒙泽塞的居民，一看就是经营服饰店并会在店里 24 小时播放意大利国家电视一台节目的那种人。无论他猜得对不对，这两位彬彬有礼地走到他面前，以一种近乎协作的精神告诉他自助售票机上是有按键的，需要按它们才能使用。说这话的时候，他们表现得很客气，不但刻意把语速放得很慢，还一边解释一边看着他戴着的那顶棒球帽，似乎在确认什么东西。

最后，我朋友在他们的帮助下取票成功。

我无法克制自己去想象这对夫妻坐在车里一言不发地摇头的样子。

两种文明交汇的时候，是多么耐人寻味啊。人类智慧的不同发展阶段也真是妙不可言。

就我个人而言，如果我进入苹果专卖店，看到里面的人都朝我微笑，我肯定会浑身僵硬到近乎抽筋。此外，我认为每一款软件的更新都是一次勒索，每一个使出浑身解数劝说我买新一代iPhone的人的行为都是对我的人身攻击。但在这里，我必须非常冷静地写下一件重要的事。iPhone，第一代iPhone，是一部电话，也是一个进入互联网的系统、一扇踏入万维网的大门、一个编写电子邮件和短信的工具、一部电子游戏机、一台照相机、一台巨大的音乐存储器、一只万花筒般的盒子，可以安装各种各样的应用，从天气预报到股市行情。它就像当年《太空侵略者》街机游戏一样，具有无限的潜力，但不同的是，iPhone显然精致得多。它只有一个眼镜盒的重量，可以放在口袋里。

iPhone的出现正式宣告了一个新时代的到来，人类开始以一种几乎流动的、绝对自然的、还可能没有任何阻碍的方式向超世界过渡。它将人 + 键盘 + 屏幕的模式轻便化到极致，几乎消除了所有的静止环节。这种升级后的模式由此成为人类长久的生存方式，使人类能够在数字化革命古典时期创造的双引擎驱动的世界中畅行无阻，并且这种模式正在成为人类体验的新摇篮。iPhone 在完成这一创举的同时，也带动了一种思想。这一切很有趣。这就像是一场游戏，是一群小大人设计给大孩子玩的。这一点，我们会在之后的评述中提到。我们会发现，这不只是 iPhone 的理念之一，还是一种由来已久的精神遗产：实际上，整场数字化起义蕴含着一种未曾表达的诉求，那就是它希望人类的体验可以变得圆润、美妙和舒适。这并不是某种努力的回报，而是一场游戏的结果。

最终截屏

现在我们再来看一眼这场数字化革命的主线，似乎一切都很清晰了。古典时期结束之后，新人类继续沿着既定的方针前进。他们可能会停滞、倒退、后悔，或是迷失方向，但事实并非如此。就像在一场闯关游戏里一样，他们一直在前进、过关，一刻都没有停歇。在这场游戏里，有时他们可能会损失几条命，"9·11"事件和互联网泡沫破裂就是两次致命的打击，一次威胁到这场游戏必需的和平空间，一次夺走了棋盘上的许多棋子。这场游戏本该结束了，但不要忘了，游戏里可不止一条命。

玩家们重整了棋盘，用存活的棋子继续玩。真是一群顽强的人。

其实，光看数据就能看出成果了。还记得吗？我们在这一章开始的时候提到过一些数据。我们看看这些数据有什么变化吧。

- 全球互联网用户：10 年前，全球有 1.88 亿人上网，占全球人口总数的 3.1%；10 年之后，全球网民总量飙升至 15 亿，占全球人口总数的 23%。
- 网站数量：10 年前，全球有 241 万个网站；10 年之后，这个数目变成了 1.72 亿。
- 亚马逊用户量：10 年前，有 150 万；10 年后，达到了 8 800 万。
- 家里有电脑的美国人所占的比例：10 年前为 35%；10 年后为 72%。

很能说明问题了，不是吗？

但除了数据，这一时期的人们还产生了一种无法阻挡的、集体性的、看上去很幸福的惰性。现在，我们可以确定地说，在数字殖民时期，他们做了一件很体现线性的事情：将古典时期的游戏延续下去。他们尤其在两个方面——社交网络和智能手机取得了不错的成果，它们就是这个时代的两个图腾。脸书、推特、黑莓手机、iPhone，这些事物本身就是简单的工具，但正如斯图尔特·布兰德所说，改变工具就能创造文明，它们至少孕育了两场注定要在历史上留下痕迹的运动。我们记录于此。

第一场运动　社交网络保证了我们对超世界的实体殖民。我的意思是，社交网络让人们身体力行地进入超世界。他们迁移的不仅有文件，还有自己本身，比如社交媒体上个性化的账号，或者一些人会选择更为文雅精致的迁移方式，举个例子，他们用 Flickr 分享自己对生活的感悟，分享情感的温度，分享欲望的波动：分享自己眼中最美好的世界。与此同时，人们还将越来越多的社交关系带入超世界。比起给一位朋友发短信，人们更愿意发一条推特让上万人看到，这就是短短几年间的变化。实际上，我们进入了自己织的网里，如同伯纳斯-李教授的抽屉一样将彼此相连。我们决定用互联网传播资讯的方式进行人与人之间的沟通，在这个超世界里，我们发现一切的运转都很顺畅，我们可以在一片看上去没有边界的公海上做任何事情。

注意，请大家不要误解：我不是在说我们现在已经搬入超世界里生活了，我们只是在超世界里进行了数字殖民，这是不一样的概念。我们只是将真实世界和超世界连接起来，并开始高效运转这个用万维网创建的具有双引擎的世界。社交网络本身就能解释这一点，而且不会让你有任何误解。没有任何人完全在超世界里生活（当然，不排除一些彻头彻尾的电脑发烧友可能真的把全部的生活都移植到超世界里），大多数人都是在这两个世界间交替生活的，最终，他们发现，这两个世界实际上都来自同一个实体——现实。不管怎么说，人类在这方面还是挺厉害的：在今天，连中学生都可以每天在虚拟与现实间穿梭自如，并不觉得这两个世界之间存在什么边界。人们如今就这样巧妙地生活在具有双引擎的世界中，就像一套具有两颗心脏的血液循环系统，要问第一个心脏在哪边跳动，第二个心脏在哪边跳动，可就太肤浅了。这个问题或许会成为一个值得研究的问题，但绝对不会以这么幼稚的方式被提出……

第二场运动　　另一个图腾大大加快了人类在超世界大规模数字殖民以及跨越新边界并实现迁移的进程，这个图腾就是智能手机。这场运动的目标非常明确：消除人＋键盘＋屏幕模式中所有可能的僵化，尽可能简化现实世界与超世界之间的迁移。这与数字化革命古典时期的思维明显契合：不论是人＋键盘＋屏幕模式，还是超世界的创建，都有赖于技术的设计，它们因此能为大多数人所共享。这个目标实现了。

就这样，在《太空侵略者》中的小火星人入侵地球约 30 年后，我们面前终于出现了一条清晰的山脉，我们可以毫不避讳地将这条山脉称作一个新的文明。这不是一个令人兴奋的科技转折点，而是一个真正的文明。

在仔细研究这个时期的历史化石时，我们会看到很多令人惊讶的内容（我甚至觉得有些内容令人不安），这些内容会在接下来的评述部分更加明显地呈现。

至少我希望是这样。

"9·11"事件

▲▲历史

互联网泡沫

Skype

《迷失》

纳普斯特

维基百科

▲▲上网

优兔

Kindle

苹果手机

▲智能手机

黑莓手机

领英

Flickr

▲▲社交

推特

MySpace

脸书

评述数字殖民时期

游戏

　　我重温了乔布斯推介 iPhone 的那段视频。我想再仔细找找还有没有值得发现的内容，就像考古学家挖掘化石一般。答案是肯定的，并且这一发现可以让我的研究之路走得更远。当视频接近结尾时，我确信，我要找的就在乔布斯本人身上，是他那种尽情享受愉悦的感觉。我不是说他很享受在舞台上耍酷，但你可以看到，他完全是因为使用 iPhone 才如此愉悦的。在视频中，他的一举一动都是为了传达一则非常准确的信息：iPhone 很有趣。我知道，iPhone 能够娱乐大众现在似乎已经成了一件理所当然的事情，但我们要退回那个时代去看这件事情，回到 iPhone 刚刚问世的那个时刻。请问，带着听筒和拨盘的普通电话有趣吗？不。公共电话亭里的电话呢？不。黑莓手机呢？也差点儿意思。这几样东西都是解决问题的工具，没有人想到能够以一种有趣的方式让它们发挥作用，所以在使用这些工具时，大家没觉得有多好玩。

但 iPhone 做到了。这就是乔布斯在推介它时极力传达的信息。

乔布斯觉得 iPhone 就是一种游戏。

这就是我要找的那块化石。

iPhone 是一种游戏。

大家回忆一下，生活中有哪些时候是用一种游戏的方式去解决实际问题的？没有太多，对吧？似乎为数不多的情况也只发生在久远的童年时期。实际上，第一批将解决方案游戏化的人就是家长。比如，当孩子不爱吃饭时，家长就会用叉子叉起食物，假装它是小飞机，让它飞上一圈，再送进孩子的嘴里……孩子的小便盆也变成了宇宙飞船……爸爸变成了怪兽、老鹰、仙人掌，反正什么方便解决问题就变成什么。就我们家的情况来说，每次我给儿子换尿不湿的时候，都要表现出一副在美国西部淘金的样子（有一次我还真从他的尿不湿里发现了一枚硬币）。总之，我想说的是，iPhone 就是以这样的方式解决问题的，它是小飞机，是宇宙飞船，是各种各样富有童趣的游戏。iPhone 的色彩、平面设计、像糖果一样的图标、富有童趣的字体，唯一一个按钮（还在吃奶期的婴儿最懵懂的游戏也需要两个按钮呢……），等等。触摸技术本身也是一种充满童趣的技术。你们觉得，我那位朋友在用手指笨拙地触碰自助售票机屏幕的时候，那对中年夫妇会怎么想？他们肯定会觉得我朋友还是个孩子吧（况且他当时戴着一顶棒球帽）。

　　游戏与童趣。不过，我们不要觉得这只是乔布斯为 iPhone 包装出来的形象，只是一种设计、一种表象。乔布斯在台上表现出的对娱乐的执着，还展现了更本质的东西：就像之前的苹果笔记本电脑和平板电脑一样，iPhone 不仅看上去像游戏，而且从某种程度上说，它本身确实是一款游戏——它是以一台游戏机的概念被制造的。

　　拿到这么一个东西，你的第一反应是要做什么？人＋键盘＋屏幕的模式在触摸屏功能的加持下变得更加优雅，你可以一步一步地解决各种琐碎的问题：给妈妈打电话，或是寻找餐厅地址。面对简单的问题，你就用简单的操作解决，无论是外形还是触感都令你非常愉悦，更何况还有舒适的音效提高你的成就感。想给朋友打电话？只需要触碰几下屏幕，电话就拨出去了。想给女友拍照？点击三下屏幕，照片就拍出来了。女友的姿势没有摆好，照片不够满意？点击两下屏幕，照片就被删除了。诸如此类的问题都可以这样解决。更资深的玩家有更高级的玩法：上网，付费听歌，发邮件。但就算是这些玩法，也无外乎兵来将挡地完成任务。就像一个小火星人向你袭来，你把它消灭一样。最后，你想怎么玩就怎么玩，但这个时候的 iPhone 不是一部单纯的电话，也不是一件工具，说到底，它已经具备了电子游戏的一切特征，是一大堆电子游戏的结合体。

　　我发现，iPhone 的案例并非个例，乔布斯也不是第一个提出这种想法的人。这个理念由来已久。要知道，电子游戏实际上是数字化起义的动因之一，也是被那些先驱者奉为神明的重要指引之一。我这么说可不是因为我在重建数字化革命的过程中，碰巧从《太空侵略者》的故事开始，我这么说是因为从历史的角度来看，电子游戏一直是这支数字化起义军中很多主要人物的摇篮。想听一听这方面的故事吗？

我们先要回过头看看那个传奇般的人物，那句"求知若饥，虚心若愚"的主人：斯图尔特·布兰德。几年前，布兰德在接受《卫报》采访时，大概讲述了当年在加州发生的事情，回忆了他遇到的人，以及他们是如何启发他的。

他讲了这么一个故事："当时我还在斯坦福大学的微机室，那是 20 世纪 60 年代初。有一天，我看到几个年轻人在玩《太空大战》（那是一款类似于《太空侵略者》的电子游戏，但比较原始，没那么好玩）。那款游戏完全是他们自己发明的，没有任何参照物。当他们投入其中时，我发现，他们简直就像灵魂出窍。我不知道该怎么用别的词汇来形容他们的状态，他们就像完全脱离了自己的身体。当时，我只见过一样能给人带来这种感觉的东西，那就是毒品。"

显然，听到这个故事后，大家的第一反应就是将电子游戏和毒品联系起来。毕竟，如果你们有孩子，这绝对是你们最需要高度警惕的噩梦之一。不过，大家不要因此而分神，请继续读下去。那次发现之后过了十几年，布兰德为《滚石》杂志撰写了一篇长文，这篇文章分析了电脑对未来生活的影响，后被誉为这个领域历史上第一篇具有前瞻性天才的理论的文章。通过这篇文章，他成为第一个向全世界明明白白地说出电脑将会成为大众的选择，将会出现在每一个人的写字台上的人，他认为电脑是一种急需分配的权力，它能够让每个人的生活更轻松、更平静、更幸福。当时，连疯子都不会说这些话。总之，这是一篇具有历史意义的文章。尽管在我看来，他的行文并不出色，内容却如同一道惊雷，极其精彩。

那么，这篇文章的标题是什么呢？

《太空大战》。

是那款游戏的名字。

实际上，文章有一半的内容都是关于那款游戏的。为什么呢？布兰德是这样解释的："《太空大战》就像一颗完美的水晶球，透过它，你可以洞悉计算机科学和计算机的使用会为我们带来怎样的未来。"

明白了吧？电子游戏是融入这些人的骨子里的，他们的一切想法都出自这些游戏。不过，可不要觉得这些人像傻瓜，认为生活就是一场游戏。关键在于他们都受到了电子游戏的启发，而游戏深深影响着他们的一生。

如果大家还有疑虑，就看看第二个故事吧。

第二个故事和乔布斯有关。1983 年，乔布斯受邀在一场于科罗拉多州阿斯彭举办的国际设计大会上发言。我不知道乔布斯在那个年代的知名度有多高，但我知道的是，参加大会的设计师对计算机的理解都是一致的：一堆电子管！于是，乔布斯试图让这些人明白计算机是什么，至少了解那些最基础的东西。后来，他发现没有一个人知道什么叫软件！无奈之下，为了便于理解，他将软件和电视节目进行了比较。他大致是这么说的：电视节目可以重现一种体验，在回看肯尼迪的葬礼时，我被感动了，这就让我重新体验了一遍这件事情，对吧？但是，当我运行一个计算机软件时，我做的事完全不同——我捕捉到的不是体验，而是体验背后的原理。当然，设计师听得云里雾里（我本人也是），就在这时，乔布斯说："别担心，我再给你们举一个简单易懂的例子，你们马上就会明白计算机是做什么的。"那么，他举了一个什么例子呢？

他谈到了一款电子游戏。

准确地说，他谈到了《乓》（*Pong*），一种非常初级的乒乓球游戏。也许你们还记得这款游戏，它虽然简单，但吸引了大量玩家。这款游戏是在 1972 年问世的，比《太空侵略者》早 6 年。

乔布斯开始讲这款游戏。在他心中，要想让对计算机一窍不通的人理解计算机的作用，这就是能够精炼、准确地体现计算机的革命性和新奇功能的最佳例子：一款你必须击打小球的电子游戏。

因此，24 年后，当我们发现乔布斯的手指在 iPhone 屏幕上尽情滑动，就像在游戏机上操作时，我们也就不足为奇了。此时，我们可以大大方方地说，他手里的 iPhone 就是一台游戏机。乔布斯手中拿的东西始终是游戏，在他的黑客生涯中，他从未接触过游戏以外的东西，他只是一直在创造像《乓》一样的打小球游戏。然而，如果像乔布斯这样重视游戏的黑客只有他一个，我并不会认为这一点有多重要。而事实是，他只是众多具有这种思维的人之一，或许只是更有远见罢了。可以说，大多数发起数字化起义的黑客都将电子游戏作为自己打怪练级的训练场，电子游戏逐渐变成了一种思维模式，在这种模式的影响下，这些人神秘的大脑中靠洞察力感知的模糊想法得到了较为清晰的概括。他们在寻找一个新世界，于是本能地采用了电子游戏的设计和逻辑去架构。

只要有问题亟待解决，这种倾向就会不断延续。现在的智能手机、Spotify 或 Tinder 等应用，都是以这种闯关游戏的思维被创建的。但要知道，早在 10 多年前的数字殖民时期，这种成效就已经很显著了。如果说谷歌是一款不那么像游戏的游戏（实际上很难说谷歌有多好玩），那么脸书在刚刚问世时就已经明确地带有娱乐性了。脸书致力于为用户提供更加舒适、便捷、有趣的社交环境，而那些数字（比如点赞数和粉丝量）就是用户在游戏中的得分，它们可以很轻松地被获取和处理。

推特借鉴了脸书的经验，成了一台不断发起新较量的游戏机，将玩家的得分（转发量、点赞数等）机枪扫射一般吐出来，在不间断的娱乐气氛中，造就了一大群赢家，也让一大堆输家颜面扫地。与此同时，各种各样的网络链接成了玩家们在超世界的冰面上自由滑动的冰鞋，纳普斯特玩起了警察抓小偷的游戏，表情符号开始取代文本信息，Kindle 正在试图成为一块魔法小黑板。更不要提那些真正的电子游戏了，它们已经像病毒一样潜伏在各种各样的设备中了。这足以让人明白正在发生什么：游戏被提升为一个新文明的基础模式。从那时起，生活有望成为一系列引人入胜的游戏，现实中的障碍就是游戏场，跨越障碍后的快感就是最终的奖励。在某种程度上说，这或许就是一片应许之地——一款独一无二的、自由的、不间断的电子游戏。这就是游戏世界。

我觉得已经无须提醒大家这个时期的关键性了（这一点已自然而然地显现）。实际上，从游戏的角度来说，这个时期也让我们产生了很多疑惑和恐惧。有这些情绪是很正常的。从某一刻起，我们突然发现自己的许多行为失去了我们曾学到的缓慢而自觉的特点，开始变得快速而缺乏诗意，这难免令人不满。终于，我们找到了这一现象的起源：我们所处的世界是开发《太空侵略者》的那群人所设计的，不是由桌式足球的发明者设计的。

有一次，我问我的一位朋友（他可不是傻瓜），他为什么坚持买 33 转的黑胶唱片听音乐。这位朋友并没有像往常一样搬出老一套的说辞，诸如"唱片音质好"这类回答，他是这么回答的："因为我喜欢从沙发上起身，将唱片放到唱片机里，再坐回沙发好好欣赏。"

我的这位朋友是一位音乐发烧友，对他来说，听音乐是一件非常珍贵的事情，所以他本能地将听音乐看作一个要慢慢享受的行动，甚至需要稍微费点儿力才能体现出仪式感。所以，如果要问我们是如何从一个如此优雅的文明变成了一个能够发明Spotify（点击即可换歌）的文明，那么我们现在至少有了一部分答案：因为我们选择了游戏之路。我可以直截了当地说，基于历史和达尔文主义，从某一个时刻起（如果非要具体到哪个时刻，那就从 iPhone 出现时开始吧），如果没有继承电子游戏的基因，一切事物都不太可能存活。甚至可以说，为了所有人的利益，应该排除那些不符合电子游戏特质的物种。我们要考虑的是：

- 可以产生快感的设计；
- 可复制的解决问题的方案；
- 问题解决的高效性；
- 游戏难度逐渐增加；
- 静止状态的不存在及无用性；
- 从游戏中获取经验，而不是去看抽象的使用说明；
- 没有任何前置操作的即时可用性；
- 及时显示分数，令人安心。

我想不出别的了，但我有一个重要信息要告诉大家：除了极个别情况，如果大家现在所做的一件事不具备至少一半的上述特点，那么只能说这类事早已被扔进历史的垃圾堆了。

你可以尽情地感受不安。

表面性

逆向思维

在乔布斯推介 iPhone 的那段视频里，还有一个令人回味的东西。那是一个词。

简单。非常简单。非常非常简单。

不管是播放披头士的歌曲，还是给朋友打电话，无论是上网、调高音量，还是关机，只要是用 iPhone，这些操作都是十分微小的动作，不但带有很强的娱乐性，还具备了乔布斯反复强调的共性：简单，非常简单。

这看上去是一个很明显的特点，没有什么重大的影响。但恰恰相反。

简单不仅是困难的反义词，在这种情况下，它更是复杂的反义词。乔布斯要传达的核心意思是：iPhone 可以将很复杂的程序简化为一个很简捷的操作。这并不是说他简化了电话，而是他创造了一个非常复杂的工具，但这个复杂的工具在使用时却出奇简单。也就是说，这个小玩意可以将程序的复杂性隐藏，只在表面显示这些程序的精简版，也就是只把这些程序最基本、最核心、最有用的步骤呈现给用户：可以触碰的图标，可以滚动的列表，可以滑动的页面。当你注视着屏幕，手指轻触它时，你感到你的操作突然剔除了所有的杂质，一切都以一种绝对简单的模样呈现在你面前，仿佛你刚停留在表面就掌握了它们的本质，而剩余复杂的部分都被一处看不见的空间悄悄吞噬了。

这种体验非常棒，那些色彩鲜艳的小图标看上去也非常友善，就像对着用户微笑一样。现在我们知道，这些略显幼稚的图标背后，隐藏着非常精细的东西，它们只是众多复杂程序的冰山一角。令人啼笑皆非的是，这些图标使用的正是它们正在摧毁的传统工具的抽象形象：电话听筒、指南针、信封、带指针的钟表，甚至是齿轮……这些 20 世纪的物品注定要消失，但它们的象征意义仍然存在，人们最终以图标的形式将它们最核心的功能展示出来。它们就像水面上的浮标，标志着事物的本质体验已经浮出水面，摆脱了过去复杂的限制。我要向大家强调的是，我们已经来到数字文化的核心时期。

也许大家会说，到头来，那不过是一部电话。没错，但对于那些试图通过改变手中的工具来改变人类思想的人，我们要注意他们是如何制造这些工具的。我们看到了 iPhone 有一种对人们的生活方式产生深远影响的思维模式。这种思维模式很容易被识别，它就像一座冰山：庞大的复杂性隐入水底，最微小实用的核心部分浮出水面。复杂的数学运算被存储在水下，水面留下的只有便于常人解读的基本内容。

曾经的辛劳被留在过去，现在，人们能够以一种直接、自然的方式获得体验。

就像一座冰山。

现在，注意了，有一点非常关键。这种冰山形象的一个有趣之处是：如果它倒过来，我们正好会看到主导 20 世纪文化的主流思维。

我就是在那种主流思维的熏陶下长大的，所以我可以给大家很好地描述这种思维。

那时，展现在我们面前的是一片难以理解的混乱，即使在最好的情况下，那也只能带来一连串肤浅的感知。而我们面对的游戏，就是在相关领域专家的引领下，解开这些复杂的谜团。这个过程是艰难的，需要沉下心来一点一点深入事物的本质，就像在一座倒置的金字塔中，现实的复杂结构会逐渐浓缩成少数清晰的要素，经过千辛万苦，最后才能达成光荣的结局：在最深处，你才能窥见事物的真谛。我们把最后触碰底部的时刻称作一种体验，如果没有中介帮助，这种体验是很难依靠一己之力轻松获得的，这些中介可能是教授，也可能是简单的几本书，或是几次旅行。有时，我们甚至要经过几番痛苦才能获得。总之，这意味着奉献与牺牲。因此，体验成为一种罕有的奢侈品，有时是某种特权的结果，总是在神职人员等特权阶层中传承。没有人会相信这个过程可以像游戏般简单，尽管如此，人们依然想去追寻这种如奖赏般难得的体验，因为它能给人们疲惫的生活增添一丝光亮。

正如你们所看到的，这种思维模式是很明确的。我们这代人将这种思维模式应用到现实世界的方方面面：无论是调查新闻、解读诗句还是经营感情，我们都是以这种倒金字塔的模式进行的。事物的表面总会立刻呈现一种非常复杂的形式，而我们需要耐心地慢慢探寻事物的本质。复杂的表面在上，有用的核心在下；努力在上，奖励在下。

　　　　　　　　　　　　　　　　　　　　　　　游戏世界

很明确吧？

现在让我们把这座倒金字塔倒转过来。

我们看到了什么？

iPhone。

奖励在上，努力在下。事物的本质被呈现在表面，复杂性却被隐藏了。

iPhone 只不过是案例之一。在谷歌的首页，全白的屏幕上就给你留一个可以解答任何问题的小窗口，这不也算是冰山的一角吗？伯纳斯-李创造的万维网首页只有 21 个单词，不也是冰山的一角吗？再比如 Windows 95 的操作系统上整齐划一的图标和预设的指令，是不是也非常简单明了？巨大的冰山隐藏了巨大的复杂性，但当本质的那一角浮出水面时，你一眼就能看到，瞬间就能理解，立刻就会使用（没有中介，没有专家）。iPhone 是这样诞生的，谷歌是这样诞生的，亚马逊是这样诞生的，脸书是这样诞生的，优兔是这样诞生的，Spotify 是这样诞生的，WhatsApp 是这样诞生的——隐藏复杂，彰显本质。由此，一种对存在事物的综合性索引产生了，这一定会令亚里士多德感到宽慰，令达尔文感到愉悦，令黑格尔激动不已，因为这些人都致力于寻求表象背后的本质、复杂中的简单、多样化之前的共性、差异之后的综合。

现在我们知道，这场数字化起义就是以这样的工具作为武器直击 20 世纪文化的命门，瓦解了那个时代的基本原则。数字化起义军将体验这一奖赏从精英阶层的魔爪中夺了过来，放在人人触手可及的地方。他们没有毁掉它，没有淘汰它，没有让它贬值，也没有过多地简化它，只不过将它放在了世界的表面。

　　这样一来，我们可以得出一个结论：这支数字化起义军是由一群拥有逆向思维的人组成的。他们拒绝信奉所谓的深度，本能地摧毁了表面与本质的对立。对他们来说，表面和本质是交织的，他们要做的就是将体验用最本质的基础元素呈现，放在人们触手可及的桌面上，人们通过简捷的操作就可以轻松获得。引导这种本能的正是一种我们不能忘记的恐惧：他们担心事物的本质会再次下沉，直到停滞在谷底，重新被中介和精英阶层掌控。他们已经看到这种情况会带来何等的灾难了，于是他们不遗余力地采取预防性措施来避免这样的地狱重现。他们的战略绝妙：只要是有关事物本质的东西，他们都要将其从任何孤立状态中带至表面。这样，它们就不再是被某些人掌控的秘密，而成为人们的一种生活潮流，成为人们生活中透明且多变的足迹。它们不是持久的，却是真实的。

　　这些人开发了可以践行他们思维的技术。他们不是哲学家，大多数是工程师，不会设计理论体系，只会开发一些工具。他们共同拥有的逆向思维就这样转换成了各种各样的操作、解决方案和日常习惯。有时，即使是最微小的习惯（比如查询天气预报，测量体温，等等）也会随着越来越多的人这样做而变成一种思维方式，这种思维方式不是某些事物成功后的随机效果，而是逆向思维带来的一贯反应。从长远来看，我们越来越习惯于期待日常

　　　　　　　　　　　　　　　　　　　　　　　游戏世界

的简单操作带来的结果：如果打电话只需用手指在屏幕上滑动几下，做少量的选择，如果混乱的可能性可以转变为简洁甚至有趣的秩序，那为什么上学不能变得这么简单而好玩呢？为什么不可以换一种方式旅行呢？吃饭呢？为什么政治要那么晦涩难懂呢？看报纸不也可以换个方式吗？揭开真相也可以吧？找人约会也可以吧？

就这样，慢慢地，我们开始以一种逆向思维来思考，并且适应了一条新的游戏规则——只要我们能够把棋子放在开放的棋盘表面，就什么游戏都能玩了。但是，如果这些棋子被隐藏在棋盘之下，被精英阶层控制着，一切都会变得无比混乱，最终，这个世界会变得不公正、虚假和危险。

于是，通过集体的努力，我们终于开始挖掘世界的核心，并将其置于世界的表面，这就是适合我们居住的栖息地。

我们不是想剥夺世界最真实的意义，而是想把它放在我们触手可及的地方。

现在大家告诉我，这不是一个令人心潮澎湃的战略吗？

第一场抵抗战争

毫无疑问，这是令人心潮澎湃的战略。但我们需要记住的是，它还是一个很有破坏性的战略。客观来讲，游戏和表面性的融合对很多人来说是很难接受的，这将那个旧世界推向了一条如此极端的、令人震惊的、不可预见的迁移道路，一时间，到处警铃大作。一个不争的事实是，20 世纪文明仍然持续被庞大的文化与政治体制控制。但正如我们所见，数字化起义军的战略是绕开建制的堡垒，瞄准另一个突破口：民众的日常生活。在这个领域，游戏如日中天，几乎没有受到任何阻碍。再加上当时是 2002 年，人类已经彻底选择了数字语言，局势基本上就很明朗了：在起义军疯狂挖掘地下隧道的过程中，上方的旧世界开始崩塌。

实际上，就是在那个时候，20 世纪文明开始清晰地意识到数字化的威胁。虽然不懂这种威胁从何而来，但它确实感受到了。那时的文明就像在被一个看不见的敌人攻击，因为它不但看不见敌人的身影，还不知道其攻击方式。它能看到的，只是敌人经过后冒着缕缕浓烟的废墟，而这些地区在前一天看上去还会永远繁荣。

就这样，20 世纪文明的警钟敲响了，那刺耳又漫长的钟声反复响起，频繁到有些草木皆兵。防空炮兢兢业业地按时发射，殊不知，敌人早已悄然越过防线。就是在这个时候，人们开始张贴那些捍卫旧式奶制品厂的海报，也是在这个时候，我写了《野蛮人》那本书。

精英阶层当然感受到了脚下土地的塌陷，而由他们下令发射的炮弹却如同他们本人，带着些困惑和骨子里的傲慢，盲目地攻击。不过，有一点是清楚的：在游戏世界中，似乎有一种东西将人类的体验从更高级、更复杂、更神秘的过程中剥离，并将其引向一个能够规避疲劳、减少压力的简化系统，从而帮人类选择了更为舒适和便捷的解决方案。这是一种有点模糊的直觉，但概括地说，游戏似乎确实正在将世界的灵魂偷走，建立一个世俗的、功能性的、游戏化的新世界，让那些不想花太多精力的人生活在其中。

显然，这个理由足以将数字化起义军诉诸公堂：谁想要一个由 PlayStation 的玩家们设计的没有灵魂的世界呢？由此一来，凡是在数字化起义成功中遭受损失的人，都会竖起一面讨伐大旗：捍卫人类，保卫人类那崇高的思想。冲突逐渐升级，可以说，在千年之交，第一场抵抗数字文化的决定性战争就这样打响了。这场战争在战略上主要是由部分知识精英领导的，他们对数字工具一窍不通，于是，这场战争的主战场便是人类最为熟悉的一些传统领域，比如读书、吃饭、学习，甚至是恋爱。

于是，大型书店、快餐店、打卡式旅游、交友网站和脸书时代的爱情出现了，老派精英认为这些领域将要爆发一场显而易见的灾难，所以他们开始想方设法阻止。在那个时代，人们并不明白这一切都是由一种新的人类智慧酝酿的梦想，也不知道正是这些人在努力地制造相关的工具去实现这个梦想，大家还没有搞清楚现实世界和超世界并不是两个对抗的世界，而是一个由双引擎驱动的现实系统。由此一来，精英发动了战争，但用的还是旧武器，采取的还是常规的战略，甚至根本不知道战场在哪儿，也不知道旧战略适用的战争早已不存在了。实际上，这些精英几乎都站在一台电子游戏机前，非要搞清楚是谁把自己控制的小球偷走了，执意要求对方将它还给自己。在某些情况下，尤其令人心痛的是，他们甚至迟钝地想要撤回已经进行的操作。唉，真是令人悲哀。

不过，对于这场精英发起的抵抗战，还是有一些方面值得我们予以尊重并认真研究的，因为从这场战争中，我们看到了精英阶层的直觉：他们意识到，游戏中存在一种危险的迁移，这种迁移会让世界失去灵魂，会让人类的体验失去崇高性。

这是不是一种掩耳盗铃、自欺欺人的观点呢？从某种层面上说，我觉得是的。

在那场 iPhone 推介会上，当乔布斯在台上漫不经心地把玩着手中的 iPhone 时，现场的气氛是多么其乐融融啊。但实际上，有什么事情就要发生了，人们只要冷静下来稍微想一想，就会忍不住担忧。与此同时，老派精英开始分崩离析，因为他们连自救的工具都没有，也失去了存在的合理性——他们被逼到了悬崖的边缘。

老师开始紧张时，对谁来说都不是好事。老师因担忧而变得焦躁、盲目、咄咄逼人时，也不是好事。老师因厌烦而离开讲台走出教室时，同样不是好事。空荡荡的讲台可能隐含了两层含义：它既意味着解放，也意味着世界走向空洞。特别是当一个新的价值观体系浮出水面时，一个近乎完全自由的环境不仅会催生新的智慧，还会包容一些固有的个人愚昧。长久以来（或许直到今天也是如此），只有非常冷静和训练有素的人，才能看出先知和疯子之间的区别。世界的核心部分就这样浮出了水面，融入一场宏大的游戏，这足以让最迟钝的人感到困惑，让最警觉的人感到震撼。当然，这个过程并非没有任何挫折，在迁移中，它也失去了一些重要的东西。

就连像我这样对这场数字化起义颇有好感的人也能感受到有什么东西失去了。就我个人而言，在那个时期，我的不安主要来自我意识到了一些人的虚伪，他们实际上是为了捍卫自己的利益才去维持现状的，但我确实感觉到人类正在失去某些东西。这些东西并不是那些抵抗的人所说的（诸如地位、收入、特权），而是一些更重要的、埋藏在人类集体感受中的东西，比如对一种颤动的记忆。思考这个问题总让我觉得烦躁，但我还是忍不住去思考：人类正在失去对某种颤动的记忆。

我不知道该怎么去形容，我知道这不好理解。我试着给大家举一个形象点儿的例子。

还是在那个年代，我正在拍一部电影。那是 2007 年，意大利的电影业还处在更替期：人们会用胶片进行拍摄，然后把素材全部转换成数字版来进行剪辑、修改和添加特效，最后把所有的数字素材转换成胶片，因为电影院还在用旧式的胶片放映机（就是那种带旋转的影片盒的放映机）来播放影片。简而言之，就是先模拟，再数字，再模拟。显然，这样是非常麻烦的，但当时我们对那些新机器知之甚少，在半吊子式的使用过程中，出现了各种混乱。总之，当时的人们觉得不能再这样下去了。几年后，胶片被束之高阁（有人告诉我，拍一部电影所需要的胶片可以覆盖一个足球场）。柯达公司（胶片龙头企业）在 2012 年宣布破产。安息吧。

但就像我所说的，那个年代还处于更替期，对接受数字技术还存在一些争议。既然我也在做电影，那么我就想搞清楚状况。我觉得这个案例很值得研究，这是一个典型的数字文化与 20 世纪文化博弈的案例，令人着迷。事实上，双方的冲突十分激烈：数字电影人带着轻蔑坚持走自己的路，而老派电影人则连连摇头，高呼着电影亡矣，享受着胶片时代最后的光辉。要知道，争议的焦点并不是感光性和像素，而是整个电影业的工作方式：数字技术改变了照明方式、摄像机重量、加工周期、成本等，一切都变了。总之就是简化了一切流程。然而，这就是问题所在，电影业的老一派不同意，他们认为这样会让电影失去一种美妙的魔力，甚至会让电影失去灵魂。

说到这里，我们回到了问题的核心。

毕竟，这只是电影的问题，不是世界的问题，我还有信心自己去弄清楚。我拜托当时摄制组的摄影指导在放映厅里给我放映了我们拍的那部电影的一个场景，先放的是胶片版，之后放的是数字版。我想看看它们到底有什么不一样，或者说到底有没有不一样的地方。我想看看数字版到底缺了什么，缺的东西就应该是所谓的电影的灵魂了。这么做有点儿幼稚，但说到底蛮机智的。

毕竟，当你拍电影时，一切都是你说了算。

于是，我看到了：两个版本没有任何区别。色调、清晰度、对比度，都一样。一模一样。当然，坐在我旁边的摄影指导肯定看得出一些区别的，他是专业人士。当我问他一位普通的观众能否看出区别来，他平静地回答道：看不出。

之后，摄影指导对我说：看一下边缘，也就是屏幕的边缘。

　　　　　　　　　　　　　　　　　　　　　　　　游戏世界

他说这话的时候，放映的是胶片版，我看到屏幕的边缘在晃动，尽管幅度不大，但确实在晃动，就像是在颤抖。然后他给我放映了数字版，再让我看屏幕的边缘。

屏幕的边缘纹丝不动。

于是，他向我解释说，胶片版就是这样的。说着，他张开一只手臂，做出了一个在空中画圈的动作，就像是擦玻璃。数字版就不是这样的。用胶片放映的电影就像在呼吸，我一下子就明白了，而数字电影就像一面不会动的墙。

于是，那个徒手擦玻璃的动作一直留在我的脑海里。从那时起，我就知道，对所有数字化的物品，或者说对整个数字世界来说，我们失去的就是那种呼吸、那种波动、那种不规则。

就像一种颤动。

这确实是一种很难解释的东西，如果你没有体会过那种感觉，那你永远不会知道它是什么。就像有些人高兴地进入游戏后，总是本能地感到僵硬——他们缺少的便是一种颤动。

我们还能找回这种颤动吗？如今 10 岁的小孩再也不会知道这种颤动是什么了吗？我们正在集体忘记它吗？它就是所谓的事物的灵魂吗？

这些问题不好下定论，但只要静下心来研究，你总会找到一些答案。我的答案是：那种颤动是一种运动，在这种运动中，现实开始回响；它又是一种模糊，在这种模糊中，现实的感官进行了一次呼吸；它还是一种延迟，在这种延迟中，现实产生了一种神秘感。所以，我们可以认为这种颤动是任何真实体验的唯一场所。没有了这种颤动，就没有了真正的体验。

我想你们会说：这样说的话，那些人是有道理的！那些挺身而出的人，那些抵抗数字化起义的人，那些签署请愿书来捍卫老式奶制品厂的人——他们是正确的！

不是这样的。

现在，让我们来看看我能否解释清楚这个问题。

后体验

我也是花了一些时间才搞清楚这个概念的。

一方面，数字技术似乎正在让上述颤动消失，也就是让所谓的体验核心消失，另一方面，我不能自欺欺人地说数字技术所创造的是一个死气沉沉的、没有感觉的世界。这让我陷入了矛盾。也许有些人会出于捍卫自己的利益而说出这些话，但是，如果你带着哪怕一点天真去看待游戏世界，你肯定立刻就会意识到，几乎所有地方都存在一种脉搏般的跳动，很多东西都是鲜活的，它们在提供体验，在让人产生丰富的感觉，在传递灵魂。我们很难搞清楚这种力量是从哪里积蓄的，这种脉搏般的跳动是从哪里冒出来的，但不承认其存在，是非常愚蠢的。举个最简单的例子，看看我们的孩子，或者从我们身旁走过的年轻人，无论是从思想上还是行为上，他们都是这场数字化起义的具象。对于我们这些从旧文明一路走来的人来说，这些年轻人是令人难以捉摸的。把他们一概而论是愚蠢的，但我们都会对其产生一种印象：他们似乎都没有做任何对我们来说制造体验、感受和共鸣所必要的事情。因此，从表面上看，他们似乎都该是傻瓜。但事实并非如此。从他们身上，我们可以清晰地看到一种共鸣、感受和力量，与我们在这个年龄段时所得到的相比，甚至显得更加精彩。

那么这股力量又是从哪儿来的呢？

现在来看这个问题，我觉得更好理解了。

如果你在日常生活的桌面上安排了一系列基本要素，并且把它们迅速按照可用性排列清楚（就像 iPhone 的屏幕），那么之后你需要做的事情其实只有两种。

第一种事是，利用这些基本要素解决生活中遇到的问题：其他人已经帮你做了大部分的工作，你只要使用这些要素就可以解决问题了。这是最关键的环节。毕竟，你只是点击了任何设备上的图标，既解决了问题，又节省了时间。

听上去不错，但这显然只是数字文化相当基本的用途。先驱者使冰山最关键的一角浮出了水面，你呢，你做什么？你会在网上预订餐厅，在优兔看视频，在 WhatsApp 中建足球同好群。

做这些事情的时候，你会感受到颤动吗？一丁点儿都没有。

你还可以做第二种事：利用这关键的冰山一角，利用被公之于众的事物本质，利用这个操作便捷的桌面，利用自己的桌面与他人的桌面的联系，利用这种没有任何讨厌的中介打扰的环境，来做这个系统建议你做的唯一一件事：让一切流动起来，让它们相交、串联、交叠、混合。你拥有这些简单且易于使用的要素，但这一次，你没有止步于使用它们，还开始处理它们。就像我此前比喻的那样，这些要素是仿佛经受了地质活动才出现的事物，而你却开始让它们产生了化学反应。你串联各个点以生成图像，你让相距甚远的两条光线相交，得到你想要的形状。你迅速地跨过很长的距离，开发出之前从未存在过的空间。你让一些八竿子打不着的俚语交叠，创造了从未有人说过的语言。你把自己放在不属于自己的地方，让自己迷失在远方。你让自己的观点到处流动，看着它们变成混乱的想法。你操纵声音，让它们尽可能地到处传播，然后发现很难将它们混合成完整的或者好听的声音。你也这样操纵图像。

你设计流动的概念，构造不对称的和谐，在不同时间的同一片空间里创造建筑物。创造之后，毁掉，再创造，再毁掉。循环往复。你需要的只有速度、表面性和能量。你处理事物的方式始终是动态的，而不是静止的；下沉到物质深处只会降低你的速度，任何事物的意义都取决于你快速移动的能力；你同时存在于不同的地方，这就是你追求的生存方式。如果你表现得不错，那么就不难从你的足迹中找到一些奇特的痕迹，这些痕迹改变了世界的面貌，仿佛将其重新置于流动之中，宛如在颤动。

看吧，这就是灵魂。它回来了！

我决定将这种行事方式称作"后体验"。我知道这不算什么特别了不起的定义，却能够表达我的意思。这是我们在摆脱了20世纪的体验模式之后，对体验的理解。这是我们使用数字化起义的工具才能获得的体验。这是表面性产生的体验。我们第一次窥见这种体验是从一种对我们来说司空见惯的现象中，那就是多任务处理。这种现象中都是后体验的元素。举个例子，你的儿子似乎同时在做五件事，并且这五件事看上去都做得不好，都是徒有其表的、毫无意义的事，那么真实的情况是：他只是在做一件我们这代人不知道的事，而且做得非常不错。他正在使用体验的种子——经过长时间的加工，他的体验获得了综合性、决定性和完整性的特征——他将这些体验交叉、重叠，以培育一种颤动，从长远来看，这种颤动会给他带来一种更为纯粹的体验：后体验。

当然，你也可以说你的儿子可能有点儿神经质，看电视的时候要玩《我的世界》这款电子游戏，不然就不舒服。但你要知道，即便如你所说的那样，他所进行的这种简单的多任务处理也蕴含着一种动态的模式，而数字文化的后体验理念即来源于此。他是否荒废了时间，是否雷声大雨点小，都属于另外的问题了：有时候，我们都会虚度光阴，在 20 世纪的时候也是，真的。可以说，一千个这样的傻儿子（如果我们真能找到）都不及一个真正地在多任务处理中找到这种流动性的孩子，因为他早晚会从中发觉生命的意义。这个孩子实际上就是在向我们诠释后体验的定义。

所以，他正在告诉我们，那些签署请愿书来捍卫旧式奶制品厂的人是不对的。那些人认为，数字化起义所采取的方式淘汰了能够捍卫世界灵魂的复杂性，但他们自己其实没有那么无辜、那么无私、那么聪明。他们不知道数字化革命并不会让体验消失，也不会让人类失去那种象征着世界意义的颤动。实际上，引领数字化起义的新人类用自己的方式，用自己定制的工具，努力地追寻着某样东西，它就像一种共鸣，一种对现实的模糊，一种对事实的神秘颤动，一种持续不断的创造机会。现在我们可以有把握地说，数字化革命只是把世界的灵魂从深处拯救出来，又把它安置在一个便于传播的位置。

这样一来，如果你非要去深处寻找它，那么你肯定一无所获。这是一种我们曾经犯下的错误，如果今天重蹈覆辙，不但会劳而无功，还会带来致命且荒诞的后果。

恐慌

在我看来，我们应该投入时间和智慧尽可能地了解我们不知道的关于后体验的一切，了解一切能帮助我们理解它的东西。不过，在数字殖民时期，做到这一点是很困难的，因为后体验的现象还很模糊、不明确，并常常受到限制。需要等到下一个时代到来，即真正的游戏时代到来，后体验才会拥有确切的形态，显现在大众的集体生活中。

不过，iPhone、脸书、优兔诞生的年代，还是可以给人启示的。这个启示也给了我写本书的灵感，现在我第一次试着在这里把它写出来，因为在之前的写作过程中，我似乎对这个启示有了更清晰的认识。

这个启示就是：后体验是费力的，并不简单，需要精挑细选，而且稳定性很差。这些特点跟电子游戏有点儿像，但我要强调的是，后体验更为费力、困难，它需要精挑细选，并且稳定性差。

如果有人觉得游戏（你可以理解为数字生活）非常简单，那就完全没理解我说的。iPhone 是很简单，但游戏并不简单。在游戏中生活并不简单，在游戏中获胜绝非易事。游戏中的一切可不像散步那样轻松。

我会大胆地说：归根结底，20 世纪关于体验的观念与数字化革命所带来的后体验观念之间的主要区别，并不在于深度与表面性。

没错，两者是截然相反的两种理念，区别太大了。但说到底，最大的区别不是这一点。20 世纪所设想的体验是一种完成式，是充实的、饱满的，或者说是一种已经实现的系统。相反，后体验则是一种亟待探索的裂缝，是失控的、分散的。体验是一种庄重行为的结尾，是完成一项复杂操作的安心，是历尽千辛万苦回到家的归宿感。后体验则正相反，它是一种行为的开端、一场探索的开始、一种远去的仪式。比如，电视剧就是数字时代的产物，它很漫长，总是看不到大结局。后体验不是大结局，它是一个运动的过程，是前进的轨迹。体验有它的稳定性，并传达了一种坚定的、永恒的感觉。后体验则正相反，它是一种运动、一种轨迹、一种跨越，传达的是一种无常的、多变的感觉，它创造的形象既没有开始，也没有结束，名称还会不断更新。体验与一些力求稳定和庄重的概念联系在一起，譬如真实、美好、可靠、人性。但后体验是一种运动，它产生的感觉则是不稳定的——后体验中也有真实，也有美妙，也有人性，但这些感觉是在不断变化的，就像不断自我更新的星群，在并不稳固的几种形态之间不知疲倦地变换。用两句话来总结：体验是行为，后体验是运动。

行为让世界有了秩序，运动让世界失去了稳定性。行为缝合世界，运动打开新的世界。每个行为都是一个终点，每个运动都是一个起点。行为是停泊的港口，运动是开放的海域。总的来说，行为是稳定的，运动是颤动的。

你们如果明白了我要传达的意思，那么肯定也会明白：后体验往往会产生恐慌。你也许已经发现了这一点，不过现在你能更好地理解它了。这是无可避免的，因为后体验会产生不稳定、不安和迷失感，甚至会让人感到失控。后体验正逐渐成为我们创造感觉、重新发现世界的颤动、唤起事物灵魂的方式，其代价就是一种无法避免的不稳定性和无常性。正因为如此，出人意料地，游戏成为一个费力的、困难的、有选择性的栖息地。我的天哪，不管怎样，我们总可以选择做第一件事：按下桌面上的图标，解决生活中的问题——至少可以在网上预订餐厅。但实际上，大家往往不会只停留在这个选择上，每个人都会以自己的方式走出一条个性化的后体验道路，因为所有人都对灵魂有着渴望。这个时候，游戏就变难了，因为寻找灵魂的道路并非一马平川，有些人会掉队，有些人会超前，这就会催生一些不平等，最终会带来数字化起义未曾预料的结果，即并非所有人在游戏面前都是平等的。有些人玩得好，有些人玩得没那么好，玩得好的人会慢慢控制游戏场，并让它按照自己想要的方式运转，由此成为游戏的控制者，或"第一批玩家"，继而获得一个大家都认同的新身份，这个身份让所有人大跌眼镜：精英。

唉。

事情总是朝这个方向发展，体验总是优先被那些适应能力更强的人先获得，而那些人往往是富人。可是，数字化起义的初衷难道不是打破这种特权，让所有人享有体验的权力吗？怎么到头来，经过洗牌之后，又回到之前的情况了呢？

让我简要总结一下。我们经常忽视的一件事是，游戏世界实际上是一个非常困难的栖息地，它以安全感为代价，能提供强烈的体验，这就会产生不平等。因此，尽管许多人已经在这样的环境中生活了，但它其实并非适合所有人。此外，以学校为代表的很多公共机构并没有做好进入游戏世界的准备，它们没有培养生活在其中所需的技能，也没有能力帮助那些不太适应游戏世界的人。宽容地说，这些公共机构只善于在 20 世纪战后的那个民主世界里生活，但那个世界和游戏世界大相径庭。那么，大家也可以思考一下，为什么今天有如此多的人为生计挣扎，为什么精英与非精英之间、富人与穷人之间、被接纳与被排斥的群体之间，再次拉开了不成比例的差距。再想一想，为什么很大一部人对数字工具的使用倒退回最基础的水平，而将大部分注意力集中在获取安全感上。也许大家会想知道为什么我们现在回到了对民族主义和边界的崇拜中，难道大家都忘了前两代人经历过的灾难了吗？现在可以回答这些问题了：因为我们从增强人类的沉醉中醒过来了，我们突然发觉自己正处于游戏世界之中，在一个从未了解过的陌生游戏中游荡，而且正在走向失败。也许这个游戏并不适合我们，于是我们唯一能做的就是往后退，直到找到一面可以倚靠的墙，至少没有人会从背后袭击我们。

拜托了，请给我一面墙吧。

我们有那面熟悉的边界之墙啊，你愿意靠上来吗？

好极了，谢谢。

那就这么定了。

当我们本能地寻找一面墙，无论什么墙都可以的时候，我们就在走向退化，只剩无知和自私了吗？希望大家不要这样想。这种恐慌同样是合理的，而我们现在知道这种恐慌从何而来了。

当我们选择颠覆 20 世纪文化的时候，当我们选择了表面性的时候，当我们将冰山关键的一角放在桌面上的时候，当我们开始在这个桌面遨游的时候，当我们遇到后体验这种活跃的生活方式的时候，我们产生了这种恐慌。而当我们开始认为游戏世界就像 iPhone、谷歌和 WhatsApp 一样，不需要说明书就可以使用，不需要老师教，也不需要培训的时候，我们就加剧了这种恐慌。同样地，我们已经将太多人卷入这种生活，却忘记在人们摔倒的地方设置一张安全网，最终，我们把这种恐慌带给了越来越多的人。不过，在游戏中，玩家不止一条生命，随时都可以重新开始，但这一点已经被我们忘得一干二净了。

于是，大家陷入了一场非常复杂的混乱之中。

一场追求解放的运动难道会如此误导人类，让其心甘情愿地回到之前的牢笼里吗？这真的是正在发生的吗？

家园

在大家阅读本书时，亚马逊、谷歌、苹果、脸书等公司已经变成了一个个深不可测的实体，以至于我已经不知道如何确切地看待它们。但是现在，我们需要做的是努力回到十几年前的数字殖民时期，了解那时到底发生了什么，因为我们现在所处的场景正是从那时一系列事件的交汇处产生和显现的。

一些互联网公司，甚至可以说不少互联网公司，那时开始大把赚钱。我就不举例子了，都是常见的公司。需要注意的是，它们的营业额甚至超过了工业革命时期。那么，一个问题产生了：这场数字化起义就是为了赢利吗？是，也不是。亚马逊没有任何拐弯抹角，就是为了赚钱；微软有一种颇为冷血的商业思维。但在谷歌和苹果这一时期，我们就能看到一些细微的变化了：在急于创收回本的同时，它们还有一种更为纯粹的追求，那就是将自己的某些想法变成现实，或者至少让这个世界变得更好。在对赢利的渴望和单纯的自恋之间，我们不好说哪一个占上风。如果说扎克伯格只顾着将自己的想法变现，那么看看发明电子邮件的人吧，他可是一分钱都没赚啊。维基百科一开始就不是为了赢利而创建的，万维网（理论上应该算是有史以来最大的赚钱机器了）的发明者几乎是把它免费给任何想要使用它的人。总之，我们可以说，这支数字化起义军实际上是由形形色色的人组成的，从简单纯粹的梦想家到金融巨鳄，从最不可思议的理想主义者到最利欲熏心的企业家。

可以说，任何关于数字化起义就是一场大规模商业行动的说法都是没有根据的，而且基本上是不准确的。不过，有一点我们需要补充：正是在那些年里，数字化起义的经济成果开始较明显地显现，人们普遍将其看作新旧博弈胜负的评判标准。每当谈起这些新兴事物引起的行为和思维习惯变化等，其实最真实简单的效果评估方式就是数钱，因为这个方式足够简化。所以，某些互联网公司所赢得的令人眼花缭乱的商业利润，自然就被解读成它们在这场博弈中所占据的优势。这是一种类似于电子游戏的评分方法，不知道我这么说大家能不能理解。另外，当想到扎克伯格、乔布斯、布林和佩奇在那些年的行动时，我看到了一些超越传统资本主义的行为，它们又把我带回电子游戏里：我总想把这些人看作天才般的游戏呆子，他们全身心投入自己开发的游戏，几乎没有竞争对手，几乎沉浸在孤独中，没有必要打击对手，只想闯关升级，打破自己的每一项纪录，将游戏推向极致。他们甚至完全不考虑游戏中的任何经济损失，几乎像神经质一样陷入其中。斯图尔特·布兰德说他们"完全狂热了"。

可能就是这种自我催眠般的热情引发了那个年代的第二个事件：与数字化起义初衷的实质性分离。起义军几乎忘记了"敌人"（20世纪文化）的存在，倾向于将适应未来——那个他们期盼的更好的未来作为自身的理由。

如果一场起义取得了胜利，那么人们往往会用新的制度取代旧的制度，在数字殖民时期，我们也看到了这场数字化起义的黎明，起义军开始意识到，原来自己也可以成为一种统治力量。当时的他们可能不会对世界实施多大的控制，但肯定已经开始按照自己的逻辑发展了，这让他们一时间忘记了起义军是如何诞生，为了反对什么而组建，为了逃离何种恐慌的。这场起义已不再是过去的产物，而是一次对未来的清醒的、近乎狂热的侵略。

当这一切发生时，资深的游戏玩家就准备放弃游击战术，着手计划统治现实了。于是，他们之间逐渐形成了一个新的阶层，而且很难不被称作精英阶层。他们不再是硅谷埋头苦干的程序员和工程师了。他们变成了完全不同的群体：这个群体日益壮大，他们精通后体验，善于利用虚拟与现实的双引擎，在现实世界与超世界之间穿梭自如。在这些运动中，他们拥有了属于自己的自然栖息地。对他们来说，价值往往是以数字来衡量的：他们开始形成一个类似贵族的阶层，其价值不仅主要取决于自身所能承受多少运动，更取决于自身能够产生多少运动。这些都是可以用数字衡量的，就像我们的老熟人电子游戏的分数一样：粉丝量、点赞量，诸如此类。不过，这一切刚刚开始。毕竟，优兔博主还没有占据畅销书榜首，"网红"的地位也绝对比不上电视节目的主持人。不过，在这个时期，确实有些人已经在跃跃欲试了。当很大一部分人陷入不安与恐慌时，另一部分人正在从零开始崭露头角，快速进驻追寻多年的那片应许之地，并以一种难以置信的方式将其变成新的家园。

在那些年里，数字化起义停下了脚步。这种停歇并不是停止，而是指它在这个时期放弃了之前的游牧状态，开始在那片应许之地上安营扎寨了。它能做到这一点，是因为它具有精确的战略设计，有能够实现这一目标的领导阶层，有规模有限但经得起考验的规则体系，还有异常强大的财力支撑。那个时候，许多日益不安的人尚未形成组织，而旧的知识精英也在抵抗中显出疲态，很多人以一种复杂且被动的方式使用着数字工具，数字化起义军正可以利用这一点。总之，万事俱备。他们要做的就是完成这场数字殖民，为他们的旅行、冒险和勇气赋予意义，他们需要建立自己的一座城池，而这座城池已经有了名字：游戏。现在的问题就是去建造它。

正如大家所理解的，数字化起义的光辉岁月接近尾声。

自身的后体验

如果说在那些年里，很多人都以一种"复杂且被动的方式"使用着数字工具，那也是因为社交媒体的成功来得迅速且不容置疑。在某种程度上，正是通过社交媒体这个特别的工具，数字化起义才得以吸引一大批愿意栖息在游戏世界中的人。显然，我也是花了一些时间去仔细研究社交媒体的，我又一次弯下腰，找寻隐藏在其中的化石。出乎意料的是，我并没有发现什么特别有意思的。可能是漏掉了什么吧，我不知道。我觉得社交媒体的基因中包含的东西并不是在那里诞生的，而是从其他地方移植到了一个特定领域——人的领域。社交媒体的存在是其他领域行动的自然结果，似乎这样说，大家更容易明白。

如果存在超世界，人们显然会欣然前往。如果存在一个由虚拟和现实双引擎驱动的世界，那么人们自然会在其中自如穿梭。我们之前介绍了后体验的内涵，在这个前提下，人类的个性——真实的个性，将成为现实世界与超世界中各种元素相互作用的结果，它就像一种化学反应，最终为人类提供一种流动的、不断变化的新身份。在数字世界里，一个人可以以不同的形态存在（众所周知，你在推特上的形态一定与在脸书上的不尽相同），因此，人们拥有了如星群般不断变换的形象。当这种数字世界中的生活形态与所谓的现实生活结合后，你们会发现自己的个性就像一个规模极其庞大的开放工程。"增强人类"是一个可以帮助你定义这种情况的表达方式。

不过，上述情况并非那么好实现。在这方面，游戏的难度再次体现。就像我们说过的，很多人可以在现实世界与超世界之间转换自如，但也有很多人做不到，他们勉勉强强在另一个世界走了几步，就停下来了，最多就是在社交媒体上发一张泳池的照片，然后就不管了。如此一来，不平等出现了，阶层出现了，精英出现了……正如我们所见，事情就是这样发展的。

对有些人来说，增强人类是一种丰富自身生活的方式，而对另一些人来说，那听起来就像是一个大得出奇的游戏场，不仅没有必要，还让人心里不安，容易迷失。然而，无论能力、教育背景或命运如何，我们每个人都在尝试获得一种自身的后体验，我们都发现我们生活在我们创造的场景中，而现在，这个场景已经很明朗了：在超过 10 年的时间里，我们个性中最令人眩晕的神秘部分已经浮出了水面，迁移到可见的地方，暴露在别人的目光之下。这些浮出水面的个性并非我们丢弃在超世界中的垃圾碎片，而是我们真实的一面，我们正通过一种通用语言将它们转化成可兼容的格式，从而使其漂荡在集体话语的洪流中。我们期待以此能够存在更久，能够得到更多认可，能够更好地表达自己，更好地了解自己，更清楚地认识到自己的存在。数字技术和社交媒体取得的巨大成功蕴含着一个平凡的真理：如果让我们独自面对"我是谁"这样无声的谜题，我们最终不会走得太远。它们为我们提供了见证，帮我们在他人的注视下存在，帮我们呈现自己的个性，帮我们发言 / 展示 / 表演 / 塑造：它们让这些神秘的碎片在世界的表面自行运动。获得自身的真实体验是很难的，但借助数字技术和社交媒体来实现自身的后体验，不失为一个明智的选择。

我知道，有人会说，这样一来，人们都会对超世界趋之若鹜，对现实世界不屑一顾。在社交媒体中生活，连路过自己的人都没有注意到，那还有什么意义呢？没有任何意义，这是显而易见的。

确实，从理论上说，当人们开始依赖数字设备时，他们也会对超世界更加依赖，因为它让人感觉更舒适。就是这么回事。能做点儿什么来改变这种情况吗？谁知道呢。不过，我还有一丝疑虑，我觉得我们遗漏了什么因素，才没有抓住问题的本质。这很重要。我试着举个例子来说明。

有一次，我与两位比我年轻得多的人聊了这个问题。这两位使用社交媒体，恰恰就以社交媒体为主业。大家都知道那些为公司和政府机构运营社交平台的人吧？他俩就是做这个工作的。我请他俩吃了顿晚饭，作为回报，两人得给我解释一些我对社交媒体的疑惑。正如之前所说，我在寻找那个时期的化石。当然，他俩有很多有意思的东西讲给我听。比如，他们告诉我，每个社交媒体与真实的事物之间都是有一定的平均距离的。也就是说，你在社交媒体上可以时刻选择与现实世界产生多少距离。你可以选择不发推特，而在照片墙上晒一张美照，可能这是你无意间的选择，但说到底，这就是一种选择，这种选择决定了你与现实世界的距离有多远。聊着聊着，我开始让他们分析我的汽车修理工的脸书页面，我想看看人们在使用脸书时到底想获得什么。我想和他们一起看一看细节性的东西，也许他们能为我解释。于是我们开始浏览汽车修理工的脸书页面，看到了一些鹿的照片，看到了他在雪中的自拍。但渐渐地，我有些不耐烦了，我几乎脱口而出，问他俩是否也会每天用脸书账号做这些事情，他们很平静地答道：当然了。

　　我的思维开始激烈地混战。说完之后，他们中的那位女性说出了这么一句话："有一次，我去听一个摇滚乐队的演唱会，现场的一切是那么完美，那一刻，我感觉现实不需要任何修改，最后我既没有发推特，也没有发 WhatsApp，什么都没发。"从她说话的语气来看，那似乎是一件非比寻常的事，于是我仔细琢磨了她的话，似乎解开了一个谜团：我们可以把数字化比作一个斜面，但它并非只能向下倾斜，将一切简单化、舒适化、快捷化，有时它还会向上倾斜。也就是说，数字化并不是简单地将现实世界投射到超世界里，还会将现实世界加以修改。因此，如果我们拿起手机，却不只是简单地看、听和触摸它，这并不是一种无所事事的颓废状态，恰恰相反，这是因为我们认为现实世界还不尽如人意，我们还应该知道更多东西。于是，我们选择用手机这样的数字产品来实现，用超世界去修改真实世界，使它达到我们的要求。

我就是这么认为的。超世界是一个斜面，但并不总是向下倾斜的，它更多时候是向上倾斜的。我们通过后体验来爬上这个斜面，最终找到符合我们期待的生活。

所以，虽然我还是没办法接受有人跟我同坐在一张餐桌旁时还在与他人网聊，没法相信在我讲课时，那些拿着手机的学生都是在记笔记，但我应该明白，在这些令人恼火的举动中，他们正在现实世界与超世界之间穿梭，由此成功地缓解了某种孤独感，并且经常能从生活中挤出一些光彩。

就这样，一种新的技能出现了，人类在运用这种技能时，看上去会有点儿神经质，通常还会显得有点儿愚蠢，但不算太糟——人们开始能够运用游戏让自己从事物中获得应有的颤动，即知道如何爬上斜面。这也是后体验的一种形式。由于我是出生在 1958 年的人，我深知那些年里生活中的孤独感和乏味是没有解药的，即使有，也少得可怜，并且都单调得令人沮丧。生活中的困难显然比这些解药更为狡猾。无奈之下，我们只能通过想象一些不存在的世界，或在闲暇时间里尽情耕耘生活留给我们的一切来克服这种孤独感。不过，我们并不愿在想象中沉浸太久，毕竟那时我们还不能分心去"超世界"中收获果实。我们播种了很多想象的种子，收获却很少，这就是当时的常态，没什么光荣的。无论如何，我们都愿意用这种生活来换一次更为冒险的旅行，只要它的终点是一片金色的土地，我们能获得更多的阳光、更宽敞的牢笼和更好打发的日子。

实际上，我认为我们当时就是这么做的。

世界地图 2

数字化起义军自 20 世纪惊醒，建立了一定的纲领，随后矢志不渝地开始贯彻：他们始终选择流动性，跳过中间环节，把中介踢出游戏，同时将体验去物质化，不惧怕机器，充分信赖人＋键盘＋屏幕的模式。此外，在做了大量的研究之后，他们形成了一个确切的方法——比起掀起理念之战和创建哲学体系，他们选择发明和改进工具。他们以此为基础，开始尝试对整个世界进行数字殖民。

在数字殖民的进程中，他们的现实组织系统经历了至少 3 个决定性的发展步骤。

（1）他们回到了故事开始的地方，从童年找回了一些闪闪发光的独特记忆。这些记忆是关于游戏的，或者更准确地说，是关于玩游戏的那台电脑、关于电子游戏的。他们从电子游戏中看到了立业之本，于是一开始就将其作为他们的革命基因，并伴随着对各种工具的开发来传承这种基因。这绝非一件简单的事，但通过长期的努力和精益求精的研习，他们最终成功创造了一些在某种程度上娱乐性很强的工具，更重要的是，它们都具有电子游戏的基本逻辑：高速运转的操作和反应程序，通过反复实践而非抽象的使用说明来教学，持续更新的分数，最小限度的身体限制，超强的感官体验。这并非一些不愿长大的人采取的追忆之举，而是人们开创了一种简约的、概括性的、清晰的解决问题的思维模式。

在这种思维模式中，解决问题的前提条件是将问题的复杂性提前分解成基本元素，并以这种形式摆在一张游戏桌面上，让玩家以一种尽可能舒适甚至好玩的方式来解决问题。在这方面，《太空侵略者》又一次战胜了桌式足球。

（2）很可能就是这种游戏的方式，让数字化起义军在那些年以前所未有的速度完成了第二步，这一步骤在纸面上简直令人望而却步：打破20世纪的思维模式，开始逆向思维。他们拒绝将事物的本质藏在深处，而是将世界的核心显示在表面。电脑和智能手机桌面上的图标每天都在提醒世人，我们进行的操作是有意义的。在虚幻的深处埋藏着事物的本质，神职人员等精英阶层把守着此处，禁止人们自由通过。而我们的简单操作可以将事物的本质从深处挖掘出来，让其以可爱的图标形式重新呈现在阳光下。如果你发觉每天运用几十次的工具能让你做到这样的事情，那么你一定会将这种行为看作一种可能的生活策略。这种策略可能并非唯一的，但一定属于最好的。这是一种颠覆性策略，它颠覆了人类几个世纪以来的体验，从头开始树立了一种具有表面性的生活理念。

（3）需要补充一点，如果那些人不继续笃信人＋键盘＋屏幕模式，那么数字殖民很可能不会取得成功。他们开始在智能手机、平板电脑、电子书、电子游戏中进一步改进这个模式，始终追求一个看似具有前瞻性的结果，即最大限度地缩短这三者之间的距离，尽可能地将它们融为一体。

他们开始追求一种"零距离"，对他们构想的模式进行绝对的精简。在这方面，他们依靠智能手机取得了突破性进展，实现了数字化起义初期的先驱者期望的乌托邦式的成果：从长远来看，计算机将成为一种有机产品，而非人造物；它将成为人类的延伸，不是机器，而是人类行为的组合。在乔布斯钟爱的斯图尔特·布兰德的书中，这种期望与在自己的小花园里种植西红柿或在家自然分娩如出一辙，是一个疯狂的想法。但那时，这个想法确实已经存在。几年之后，iPhone 等新的工具出现了，通过触摸技术，人＋键盘＋屏幕之间的距离被成功缩短到近乎零，所有其他模式都来自于此。实现这种近乎神秘的极简模式之后，人们在现实世界与超世界之间的穿梭真的变成了一件顺理成章的事情，而由双引擎驱动的现实系统也真正变得顺畅，再也没有背景中机器的轰鸣声，成了一个近乎浑然天成的游戏场。这就是数字殖民的第三步。

面对如此明确的战略意识，20 世纪的旧文化终于从沉睡中惊醒，恍然发觉大事正在发生。于是，一场真正意义上的抵抗数字化起义的战争就此打响。

总体来讲，在这场战争中，抵抗者并没有看清起义的全过程，只看到了最终结果，他们看到了敌人的痕迹，但从来没见过敌人本身。这显然让这场战争变得复杂，让抵抗者没有任何胜算。但是，他们吃败仗的最主要原因还不是这一点。真正的原因是他们选错了武器。他们谴责数字化起义让世界失去了灵魂，让人们的感觉、体验和共鸣枯竭，但事实表明，这一招并不奏效。从表面上看，数字技术融合了表面性、娱乐性、游戏性、对权威的憎恶、对捷径的崇拜和对任何理论的怀疑，这些特点让抵抗者开始渲染文化层面甚至是道德层面的灾难。但事实表明，尽管很难阐释，数字技术在实践中是完全有能力让人类获得体验、感觉、共鸣和颤动的。不过，它采用了一种独有的方式，即将事物的本质部分暴露在表面，对其进行加工后，再将其放在网络上传播，或者只是让其流动起来。这种方式实际上是一种让世界重新颤动的方式，只不过对有些人来说需要重新学习或者理解一些全新的技巧罢了。后体验的概念应运而生，它彻底淘汰了 20 世纪人们获得体验的模式，让每个人都能以最低的成本获得体验，感知事物的核心。

这样一来，我们可以在世界地图上描绘一个新的地带了，这个地带还充满不确定性，但已经真实存在了，这个地带就叫后体验。它与其他板块很好地连接起来：电子游戏的遗传基因；20 世纪文化金字塔的颠覆，表面性的重塑与逆向思维；人 + 键盘 + 屏幕的零距离模式，这种新的模式是这个时期一切事物的流动之源。

大家看到了吗？这些板块形成了一片连贯的、坚固的，甚至是平衡的地带。我们之前绘制的第一幅地图记录了拔地而起的山脉——对流动性的崇拜、直接把握现实的欲望、超世界大门的打开，以及人 + 键盘 + 屏幕模式的发现。如果我们将第二幅世界地图与第一幅叠放，就会发现两幅地图所描绘的世界其实是同一个世界，尽管在细节上仍然不精确，在距离的测量上还不够吻合，但可以看出这两幅地图所描绘的内容具有连贯性，是可以追溯起源的，也是可以识别的。

随着时间的推移，当我们发现呈现在我们面前的土地是如此轮廓清晰、有序且美丽时，想赋予其一个名字是理所当然的。我们想要证明这片土地已经从未知中出现，成为我们有限知识的一部分。现在，我们可以为它命名了：游戏世界。

我们看到了，在数字殖民时期，大部分的人纷纷移民到游戏世界里。人们踏上这片未知的土地，没有地图，不知方向，主要靠数字工具驱动前进。最初以游牧形式诞生的数字化起义，在这个时期开始稳定，找寻最佳的栖息地来建造自己独特的领地。之前文明的高楼大厦并没有被夷为平地，而是以一种故步自封的方式运行着。数字化起义军很少去选择修正前一个文明的地盘，而是选择在它们周围建立属于自己的新领地。

新的塔楼和碉堡拔地而起，形成了数字化起义军的第一批管理与防御工事，同时，新的规则网络应运而生，需要人来管理。这是一个领袖辈出的时代，也是一个优秀玩家辈出的时代。随着时间的推移，第一批数字原住民诞生了，他们并非像父辈那样从现实世界移民到数字世界，而是本身就出生在数字世界。他们是游戏世界的第一批新生儿。正是在他们的努力下，游戏世界逐渐忘记了它的抵抗初衷，消除了笼罩在身的 20 世纪传统文化的幽灵，最终成为纯粹比拼玩家能力的游戏。游戏的目的不再是抵抗谁，而是向某个方向流动。在这个时期，人们失去了所谓的思想"深度"，但收获了效率、信心和决心。于是，人们开始以一种惊人的速度适应着游戏世界，却忘记了一个显而易见的事实——并非所有人都能适应。人们想得太远了，或者说目光过于局限，以至于没有意识到从本质上说，后体验是很难获得的，也不稳定。没有人预料到会出现这种普遍又根深蒂固的不安，于是，苦果很快呈现在人们面前。游戏世界在刚刚形成的时候，就在人们心中播下了消极的种子。

但同时，这又是令人着迷的，因为我们现在正站在属于我们这个时代的门槛上。我们似乎昨天还在讨论万维网和互联网的区别，甚至还在讨论数字技术到底是什么，而现在，我们在这里，即将研究数字化起义的最后一块废墟。它非常壮观，我们也对其非常了解。这块废墟就是我们现在居住的家园。

2008—2016 年　从应用程序到阿尔法围棋
游戏世界
我们生活的世界

2008 年

　　这一年 9 月，雷曼兄弟控股公司申请破产。之后的故事大家都记得，这掀起了一场长达数年、非常严峻的金融危机。但是，即便是在这样的情况下，游戏世界的主要玩家似乎也没有被撼动，只不过减缓了行进的步伐，但在一番调整之后就很快又上路了。它们似乎具有了某种惯性，一种能够真正克服任何消费萎缩的惯性。它们戴上了不可战胜的光环。因此，很多人本能地认为它们都是危险的，畏惧于它们的无所不能，于是要将它们消灭。

　　我们知道，游戏世界的主要玩家几乎都是美国加州的企业，但在这个时候，一家瑞典的初创公司突然进入了玩家名单，就是这家公司推出了 Spotify，这个流媒体平台之后成为很多产品的标杆。Spotify 的创始人名叫丹尼尔·埃克，当时只有 25 岁，不过，他从 13 岁就开始用万维网赚钱了（我绝对没有夸张）。他创建 Spotify 时，在超世界里，如果你够精明，就可以不花一分钱享受全部的音乐。这种行为叫盗版，是违法的，但大家也要知道，在超世界里抓捕窃取版权的人并非易事。

与此同时，音乐人和唱片公司的利润开始呈断崖式下滑。

埃克认为只有一种方法行得通，那就是像盗版者一样行事，但比他们做得更好，并且要收费。他意识到，如果每月能够以几欧元的价格为你提供全世界的音乐，你就不必再费力地到处下载音乐文件，也不用苦于整理电脑上的音乐了。这在当时来讲并不是一个全新的想法，因为 7 年之前就创建的 iTunes 也是这个原理。但 iTunes 贵得多，也没那么有趣，只在苹果系统里才能用，而且变得越来越复杂。埃克在心中构想了一款很基础的游戏，游戏中的一切都很快速、很魔幻、很酷炫。就这样，他发明了 Spotify，在苹果自己发明的领域打败了苹果。2011 年，Spotify 登陆美国，从此开始蓬勃发展。现在，在意大利，每月花 9.99 欧元就可以听 3 000 多万首来自全球各地的歌曲。这种消费习惯和商业模式实际上在很多游戏时代的代表性企业中得到了践行（比如，网飞的商业模式就与此有相似之处）。显然，这种模式会招致各方面的抨击，但更重要的是，我们要知道 Spotify 和网飞都是代表游戏世界走向成熟的典型产品，都是在过去 10 多年的逻辑和技术基础上实现的新演变。也就是说，这个时期的人们并没有真正发明什么，却出色地完成了之前未竟的事业。

游戏世界

这一年的 7 月 10 日，苹果公司发行的设备中出现了一个前所未有的线上商店，这个商店中的商品有一个统称，叫作"应用"。如今，全世界都习惯将这类商品称作 App。当时的货架上只有 500 多款 App，大多数的售价不超过 10 美元，甚至有 1/4 的 App 是免费的。

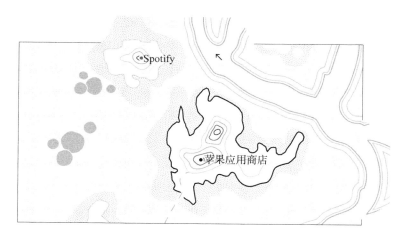

只要能连上网，这些应用都可以被下载到设备里。这又是一种游戏。现在大家试着猜一下，全世界的人下载 1 000 万次应用花了多长时间。

仅仅 4 天。

苹果公司很高兴地宣布了这一爆炸性的新闻，但实际上，就连苹果公司自己也不知道是如何引爆这颗炸弹的。或者说，该公司根本不知道这颗炸弹将有怎样的威力。截至 2017 年，全世界的用户每年会下载 1 970 亿次 App，现在的下载量肯定比那时还要高。苹果应用商店依然存在，它的货架上已经有超过 200 万款

App，不过，要知道，苹果应用商店还不是商品最多的应用商店。谷歌商店（Google Play）的货架上就有超过 300 万款 App。

现在需要搞清楚一个问题：什么才是一款真正的 App 呢？

这不是一个普通人能够很快回答的问题。

但是，我们要知道，在苹果应用商店开张之前，已经存在一些 App 了，比如我们用来收发电子邮件的系统，它本质上也是一款 App。

Word 文档系统也是一款 App。我们过去把它们叫作程序（或者软件，听起来有点儿不准确，对吧？），它们通过大量的指令序列让计算机完成特定的任务：比如发送邮件，或是写文本。为什么我们突然间不再称它们为程序，而是用一个似乎很新潮的名字来称呼它们呢？原因有三点。第一，对意大利人来说，与 "programmi"（程序）这个单词相比，App 这个只有 3 个字母的单词更好发音。第二，人们开始创建更多比 Word 文档新潮得多的程序，这些程序完全是游戏世界的产物，比如成千上万款电子游戏，但也有很多程序并非纯粹为了消遣，比如那些提醒你什么时间应该上厕所的，帮你识别歌曲的，还有能把你的照片修成凡·高画风的。第三个也是决定性的原因，就是出现了越来越多的非电脑程序，这些程序是专门给智能手机设计的便携工具，可以满足人们的各种需求，使用时无须启动电脑，只要拿起手机点击图标就解决了。现在大家知道 App 这个称谓有多么合适了吧，这 3 个字母的发音（发音近似"啊噗"）特别像拟声词，类似于一颗小炸弹或者什么东西落入水中的声音。

当程序变成 App 时，人们开始爱上它们、使用它们、信任它们，开始与它们一起玩耍，它们就像我们的小宠物。起初，它们可是像妖怪一样让人害怕呢。需要注意的是，App 的出现对人类的生活产生了至关重要的影响，它们为我们打开了许许多多通往超世界的小门。之前只能用万维网做的事情（也就是进入超世界），现在用数以百万计的 App 也能做到了，而有些 App 与万维网之间甚至没有必要的联系。

一般来讲，App 没有相关的网址，也不能从网页找到。可以说，它们是一种封闭场所，用户进入应用取得所需，再退出就可以了。但需要指出的是，这些封闭的应用都是排布在超世界里的，也就是说，如此多的应用在超世界里流通。这表明现实世界与超世界之间的交通网变得极其庞大，交流极快，以至于很难在这两个世界之间找到明确的界限，甚至可以说，这种区分也变得没有必要。

现在我们得出了一个结论：当你再也分不清现实世界与超世界之间的界限时，就意味着你已经进入游戏世界了。

2008 年，爱彼迎诞生了，这也是一家典型的数字初创公司，完美地诠释了"跳过一切中间环节，直接触碰现实"的理念。你有一套闲置的房子吗？很好，把这套房子放在超世界里出租吧！很多人早就这么做了，而当 3 个美国青年专门为此创建了一个网站，让租客与房东建立直接的联系时，这件事就变得简单多了。

据说，Airbnb 这个名字是这么来的：3 个美国青年住在旧金山的一套房子里，房子很体面，但他们手头拮据，于是买了3 张气垫床放在客厅里出租。他们把这种服务叫作"AirBed and Breakfast"（直译为"气垫床与早餐"）。

这个名字太长了，之后缩略成 Airbnb。

2008 年 11 月 4 日，奥巴马赢得了美国大选，成为美国历史上第一位非裔总统。当然，大家应该也意识到了，奥巴马出现在本书里肯定是因为别的事：他是第一位运用数字世界赢得大选的总统。他不仅将数字技术看作一种传播媒介，还将它用作帮他拉票的"神经系统"。

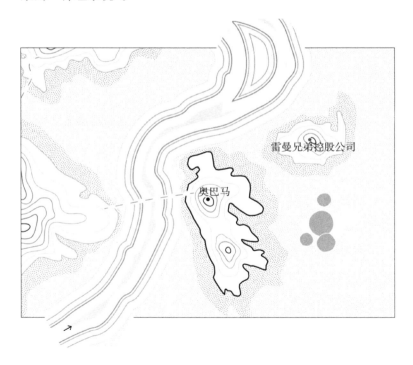

　　　　　　　　　　　　　　　　　游戏世界

一切的核心就是一个被称为 MYBO（my.barackobama.com，即"我的奥巴马"）的网站。在很短的时间里，他没有成立政党，也没有掀起运动，更没有建立组织，而是为怀有相同梦想的人建立了一个社区，这些人的梦想就是让奥巴马当选总统。这个网站将这些人聚集，让他们互相认识、交流信息，共同为奥巴马的竞选出力。这个网站有 2 万个群组，你想进哪个就进哪个（有为跳探戈的人专门建立的群组，单亲妈妈的群组，等等）。在群组中，你可以找到志同道合的伙伴。如果你想为奥巴马的竞选做贡献，网站就会告诉你，在你居住的选区中，有哪些居民还没有为自己心目中的总统投票，并为你提供他们的联系方式。你可以给他们打电话，或直接找他们。

　　网站还有一个众筹版块，这个版块不是让选民简单地往账户里打钱，而是以一种非常有趣的方式帮助奥巴马进行众筹：每位支持者进入这个版块后，自己就变成了一个筹资员，可以给自己设定筹资目标，比如，帮助奥巴马众筹 1 万美元。目标设定之后，你就可以使出浑身解数向亲朋好友寻求支持。同时，网站上还会有一个像计数器那样的进度条来显示你离目标差多少钱。我已经说过了，在那个年代，如果你不会像玩电子游戏一样做事，那你就会一事无成（现在也是如此）。

　　让这个线上社区运转良好的功臣有很多，不过，我们要拎出那位最有指导意义的人物，他也是整个项目的灵魂人物：克里斯·休斯，当时年仅 24 岁，是脸书的四大创始人之一，也是四人中最有知识分子气质的人。他不喜欢硅谷，更喜欢美国东海岸，大学专业是法国文学史。最后，他选择离开脸书去为奥巴马工作。需要指出的是，MYBO 的核心技术团队，也就是整个网站最强大的操作执行部分，是由一家名为蓝州数码的公司负责的，这家公司不来自硅谷，它的办公地点位于华盛顿特区和波士顿。这很能说明问题：硅谷从来不关心政治，要将数字技术应用在政治这种非常固化的领域，还是需要那些离权力机关比较近的人来做。

2009 年

这一年，在十分偶然的情况下，WhatsApp 诞生了。发明 WhatsApp 的人最初的构想其实只是想让好友看到自己账号上有趣的状态签名，诸如"今天大家都别理我"，或是"我该去游泳了"。这是一个十分可爱的小功能。

只不过，在创建的过程中，两位创始人把这个构想做成了一个非常简单实用的即时通信系统。他们的名字是简·库姆和布莱恩·阿克顿。库姆出生在乌克兰基辅，16 岁时移民硅谷，当时的他一贫如洗。值得注意的并不是他典型的美国式发展（现在他显然已经是亿万富翁了），也不是他和阿克顿此前都是雅虎的员工，而是库姆产生制作 WhatsApp 的灵感，就是在他买到一部 iPhone，看到苹果应用商店里琳琅满目的 App 时。我想说的是，与当时的很多人一样，他们都是第二代发明家，也就是说，他们处在一个已有的系统中，开发了这个系统的潜力，而不是发明了新的系统。是游戏世界自身将自己孵化得更加多元化了。2014 年，WhatsApp 被脸书以 190 亿美元的价格收购。

目前，WhatsApp 在全球有 10 亿常用用户。

两位创始人最初的决定是，不让任何广告出现在 WhatsApp 的页面上。

截至 2016 年，这个 App 是完全免费的。

那他们靠什么维生呢？

如果你想听到一个简单且符合猜想的答案，那就是贩卖用户数据。

但是，这一说法是需要证实的，因为它与两位创始人的初衷背道而驰，同时与你在下载该应用时所接受的用户服务条款相斥。即使用户发送的照片可能会被系统抓取并使用，但用户发送的文本信息是 WhatsApp 系统无法识别也无法交易的。那么，创始人是如何支付维持所有服务所需的服务器成本呢？

以我拙见，最合理的答案应该是这样的：如果你每天都能找到 10 亿个信任你的人，你肯定会找到某些肯借给你钱的人，这样一来，你就有资金构建一种能把花出去的钱赚回来的系统了。

同样在 2009 年，在爱彼迎问世后不久，全世界网约车司机的福音优步诞生了。它的出生地也是旧金山，显然，在当地，这种有闲置的东西就可以出租赚钱的理念风靡。那么，如果有一辆车，还有几个小时的空闲时间呢？那你就可以摇身一变，成为一个网约车司机。当越来越多的人以这样的非职业方式当上网约车司机后，职业出租车司机就下岗了。把这个概念延伸一下，我们就可以发现，这种共享经济就是游戏时代的一大主线。它的诞生是对跳过中介理念的诠释，但有所创新：它的范畴已经扩大到财产共享，从出租多余的房间发展到共享住宅、共享汽车，再到众筹。如果当年的数字化起义先驱者和嬉皮士看到今天这幅景象，一定会高兴坏了。一般来讲，这种东西不会受到掌控大众消费的社会阶层的欢迎，如果大众都开始绕过专家、中介、神职人员和某些资质持有者，自发地分享资源，显然，某些人肯定有所损失。从这个层面来讲，优步和出租车司机的法律纠纷（很多时候还有肢体冲突）就是那些年世界各地所爆发的冲突的缩影。我们不是要在这里讨论应该偏向哪一方，而是有必要理解：如果没有这些帮助民众直接交易各种物资的数字平台，这一切都不会发生。也就是说，这些平台就是这些冲突的导火索。

对，还有一件事要说。两位创始人在创建优步时已经很富有了，他们都是通过出售相当成功的数字初创公司赚到了钱：一家公司叫 StumbleUpon，是一个网页推荐引擎；另一家是一个文件共享平台（Red Swoosh）。我想说的是，优步已经是他们的第二轮游戏了。这不得不让人意识到，数字起义正在从一些非主流的卓越创造逐渐演变成一个新兴小精英阶层的活动。

2009 年 10 月 4 日，意大利五星运动成立了。这是数字化起义第一次直接孵化政党，这个政党是个反建制政党。但是，我们知道，数字化起义实际上是不适合在政治领域开展的，它更善于灵巧地绕过 20 世纪的权力大厦（政党、学校、教会等），通过在周围挖出一条条暗道，创建一个个工具，颠覆 20 世纪文化的防御堡垒。在奥巴马的竞选中，数字世界仅仅局限于提供一些工具，丝毫不会动摇奥巴马所传达的 20 世纪美国民主党的传统价值观体系。但五星运动另当别论。在老派政党呈现疲态、腐败和落后时，一部分游戏世界的居民失去了耐心，揭竿而起，喊出了一句非常简单的口号：交给我们吧。

从成立的那一刻起，五星运动就带着强烈的数字基因。它的创立者有两位：一位叫贝佩·格里洛，他是意大利国民级喜剧演员，在之前的 4 年里，他一直运营着自己的博客，并且做得非常成功（权威榜单一度将它列入全球十大最具影响力网站）；另一位创立者叫詹罗伯托·卡萨雷乔，他之前是意大利著名技术企业好利获得公司的程序员，随后成为颇有威望的顾问，他的客户多是想在互联网领域大展宏图的公司，而这些公司本身对网络几乎一窍不通。

那些年，许多民众对政客的愚昧和腐败感到不满，对意大利成为经济强国的愿景表示怀疑，甚至对整个国家的幻想逐渐破灭，而格里洛正是把握住了这一背景，成功激发了社会中潜在的力量。他的同伴卡萨雷乔则创造了整合这些力量的工具，并将这些潜在力量凝结成一个政治组织。早在 2007 年，就有一部分支持格里洛博客的公民出现在地方选举中。同一年，意大利各地掀起了一场反腐败游行活动，从那时起，这个博客社区有了一个共同的名字：格里洛朋友运动。两年后，真正的五星运动诞生了。这里的"五星"可不是指五星酒店，而是五大支柱理念：水资源公共化、可持续交通、可持续发展、连通性和环保主义。这五大理念差不多是格里洛最大的竞争优势，他提出的提高公民基本收入、提高人民幸福指数、自由上网、对环境的绝对保护和零排放生活方式，与这五大理念完全契合。卡萨雷乔则负责建立一种民众直接参与的数字民主，这在一定程度上与数字化起义的理念契合。他鼓励民众尽可能跳过一切中间环节，利用数字设备直接参政。这听起来似乎是一个有点儿乌托邦式的愿景，但仔细想想，在那个年代，这确实只是在现实的基础上进行小小的升级罢了：在一个有优步和爱彼迎的世界里，在一个所有人都能自由编纂百科全书的世界里，在一个可以用推特回复教皇的世界里，在一个通过脸书获取每日新闻的世界里，不属于所谓特殊阶层的人怎么就不能通过一次轻轻的点击参与政治呢？

不过，游戏世界并不是靠理念就能建立的，它是一个由工具组成的世界，如果不能创造一个实现数字民主的平台，那么这个愿景就无从谈起。卡萨雷乔做到了，他创建了数字平台卢梭网。说实在的，这个平台的名声并不好。意大利个人数据保护局认为，该平台"完全不具备电子投票系统的任何信息安全资质"。也有人认为，这个平台的所有权不应该属于它的创建者（卡萨雷乔于2017年去世，这个平台现在归他的儿子所有）。这个观点很有道理，因为在如今的世界里，网络是属于全人类的，而这个直接民主的平台却由某个人所有，这确实匪夷所思。但不管怎么说，卢梭网如今还在，持续发挥作用，这个平台践行着五星运动所推崇的直接民主。据我所知，目前全世界其他地方还没有这样的平台。

五星运动2010年第一次参与了意大利地方选举，当时该党的得票率在1%~7%。8年之后，五星运动参加了议会选举，获得了 32% 的选票，成为意大利第一大政党，尽管它并不是传统意义上的政党。当我写这段话时，他们正在努力寻找治理意大利的方法。他们不得不寻找盟友，因为 32% 的席位并不足以让他们领导整个意大利。但问题是，五星运动是反建制的运动，意在将权力的密码交给意大利人民，所以很难得到传统政党的真心支持。在某种意义上，五星运动寻找组阁盟友就像是用一个 U 盘将拖拉机连接在平板电脑上。这当然需要耐心。很难说结局如何，不过，在我写完本书前，如果出现新进展，我保证会让你们知道的。

2010 年

这一年，照片墙诞生了，这是一个比脸书还要新潮的社交平

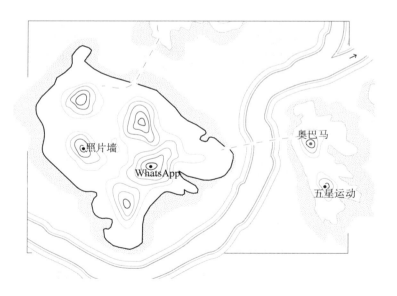

台，所以在两年后，脸书收购了它。照片墙的创始人凯文·斯特罗姆毕业于斯坦福大学，之前在谷歌工作，也曾为 iPhone 开发一款具有签到功能的 App（Burbn），不过没有激起什么水花。瞧，这又是一位典型的第二代数字创新者！当然，他还具备这个群体其他一些普遍特征：男性、白人、美国人、工程师。

2011 年

苹果公司在这一年启动了 iCloud（苹果云端服务）。这是一个可以将电脑里的内容存储在别的地方的系统（手机里的内容也可以），就像将文件存储在云端，需要的时候去取，用完了再放回去。比起技术层面（坦白说，你的文件、地址信息、谈情说爱的短信、私密的照片并没有真正地放在一片云上，而是存储在虚拟空间，分散在各种各样的地方），iCloud 的象征意义更大：我们真正做到了将现实去物质化。生活中的一大部分物质变得完全没有重量了，它们不占用我们的空间和时间，还能伴我们同行。真是前所未有之事。从实用的角度来说，这个东西的优势是，即使你的手机掉进了马桶，你也可以放心地冲水，因为手机中的文件早就被存储到了安全的地方；劣势就是有一种将自己的全部都交给一个陌生人当把柄的感觉。就像是你去海边度假，上厕所的时候想把背包留在沙滩上，但不放心，这时，旁边遮阳伞下的一个人跟你说："放心去吧，我帮你看着包。"没错，就是这种感觉。

这一年，3 位斯坦福大学的学生创建了色拉布。色拉布本身是一款非常简单直接的聊天应用，连小孩子都会用。但随后，这款 App 进行了一个非常大胆的更新：在这个应用上发布的文本、照片和视频在 24 小时后就会消失。这真是让人无法抗拒啊！在游戏世界里，难点之一就是隐藏自己、消失、改变主意、后悔、删除等。凭借这一点，色拉布一炮而红。目前，色拉布平均日活跃用户接近 2 亿。

　　2011 年还发生了一件出人意料的事情，App 的使用量超过了万维网的使用量，因此，这一年也可以算作至关重要的一年。从 2011 年开始，人们拿着智能手机的时候，会更多地点击 App 的图标，而不是万维网的浏览器。万维网的开发者伯纳斯–李教授肯定不愿意看到这种情况，不过，这并不是因为使用量被超过这样肤浅的理由，而是因为他所追求的超世界就是一个开放的、所有权不属于任何人的空间，在这个空间里，人们可以交换自己的一切，而 App 并不完全是这样的。App 是属于某个人的，并不是一个开放的空间，而是类似于机库的东西，空间非常大，却是封闭的，客户进入库中享受特定的服务后，就会离开那里。大家明白这个区别了吧？有人也可能认为，这是游戏的一种快乐的退化，这让它逐渐远离乌托邦式的初心，但这种说法很可能是一种属于 20 世纪道德思维模式的自我安慰。

2012 年

在音乐、图像、视频之后，电视也正式数字化了。人们终于对模拟系统说再见了。2012 年，数字电视登陆意大利。

这一年，Tinder 诞生了。它解决了几乎所有人的一个难以启齿的愿望：当回到家心情烦闷时，可以从名单里挑一位素不相识的伴侣，约出来共进晚餐（或者做别的亲密事）。当然，这不是人们第一次发明约会平台，但它的天才之处在于它深知，对大部分人来说，舒舒服服地坐在沙发上，一边看电视一边在名单里浏览有好感的人，比出去和别人共进晚餐（当然，不能忽视的是，这不仅花销很高，还得打扮一番）或是真正建立一段需要负责任的关系（我就不把所有麻烦事列出来了）有趣多了。由此一来，谈情说爱变成了一款非常简单的电子游戏，它不仅含有一些微妙的感情元素，还非常容易上手，就像玩单人纸牌接龙一样。当然，在进行了两个小时的纸牌接龙游戏之后，人们可以不经意间与另一个玩游戏的人进行一些浪漫的互动，这也助力了 Tinder 这款 App 的成功。

2016 年

这一年的 3 月 9 日至 15 日举行了一场围棋比赛，对弈的双方是谷歌（又是它……）开发的一款程序阿尔法围棋和当时世界排名第一的棋手李世石（33 岁，韩国人）。这场比赛在优兔进行了直播，奖金达到 100 万美元。最终，阿尔法围棋以 4∶1 完胜李世石。

机器战胜了围棋最强的人。

我知道，大家肯定想到了曾在 1996 年与国际象棋大师卡斯帕罗夫对战的深蓝超级计算机（那是由 IBM 开发的一个国际象棋专家系统）。但请大家注意这两个事件的区别：与国际象棋相比，围棋复杂得多。举个例子，一盘国际象棋的第一步走法可以有 20 种，可一盘围棋的第一步走法有 361 种。国际象棋的第二步有 400 种可能，而围棋的第二步有多少种可能呢？ 13 万种！你要是能把这 13 万种可能都考虑到，那算你厉害。

我摆出这些数字是要说明，运营一个围棋程序是要花费一定精力的。在训练阿尔法围棋时，开发者让它记住之前 3 000 万场人类棋手（而且都是高手）的围棋比赛过程。不过，这还不算什么，只不过是让阿尔法围棋有了一种机械性的计算能力。比这更精彩的是，程序员在此基础上开始通过人工神经网络（先别深究这是什么东西）深入训练它的学习能力，这让它在学习人类下棋的同时，可以举一反三，创造人类从来没下过的招式，采取人类从来没运用过的战术，这成了它制胜的法宝。

　　阿尔法围棋体现的进步吸引了全世界的注意，这种进步有一个名字，那便是人工智能。我不想尝试给你们解释这个概念的准确含义，可能 10 年之后，我在写《野蛮人》第三部的时候，才能给你们讲清楚吧。不过，我在这里还是要强调一下人工智能这个概念，因为它是一个象征转折的术语。它预示着科技进入了一个新的阶段，甚至可以说人们的思维进入了一个新的阶段。它是游戏世界的一座里程碑，可以说，游戏世界的发展在人工智能出

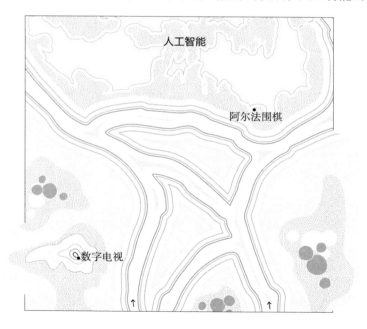

　　　　　　　　　　　　　　　　　　　　　　游戏世界

现之时结束了一个篇章（我们在本书中研究的内容），将要开启一个新的篇章。说实在的，这个新篇章里到底会有什么内容，真的很难预测。如果大家只想到了能毁灭人类的机器人，那就太落伍了（这种人工智能目前还没有取得实质性的进步。）未来是一条开放的地平线，一切有待我们去探索。拭目以待吧。

至于现在，我们还是带着成就感回到我们的主题吧。我们已经绘制了游戏世界的发展过程，它从一款打小火星人的电子游戏发展到了能够战胜世界棋王的阿尔法围棋程序。在一个接一个的游戏中，我们现在这个文明的脉络终于清晰了。大家也都看明白了吧？

最终截屏

这是数字化起义主线的最后一部分。这个新文明的根基已经打好了，现在只需要把螺丝拧紧。我们到了数字文明大厦竣工的时候。

人们也许会把这个时代称为"App 时代"。神秘、笨重又昂贵的高科技怪物（旧式软件）被转化为轻便的、免费的家庭宠物（App），这让许多早就开始的任务得以完成。

- 消除了现实世界与超世界之间的心理边界，让人们在两个世界之间穿梭自如，获得体验；
- 将万维网构想的双引擎驱动系统构建完善，带入现实；

- 消除了大量的中间环节，让一大批中介下岗；
- 使人们开始习惯于总是以一种好玩的方式去解决问题，将生活中的一件件事当作一个个小型电子游戏；
- 总的来说，人们有了一种变成增强人类的感觉；
- 使后体验更容易获得；
- 对移动设备有了绝对的依赖，智能手机成为这个时代最常用的东西，它将人＋键盘＋屏幕模式轻便化至极致；
- 将人与机器之间的距离缩减到极致，使电子设备被视作人类身体和思维层面的有机且自然的延伸。

大家也能感觉到，上述成果绝非一日之功，而是很多因素共同作用的结果，也是很多理念融为一体的设计。这场为期40多年的起义已经演变成了一个新的文明，到达了唯一的应许之地：游戏世界。

数字化起义军憧憬的游戏世界最终得以完美创建，同时，20世纪的噩梦也被永远地抛弃在历史的垃圾堆里。在这个时代，人们开始积蓄力量，为下一次声势浩大的数字殖民运动做准备，而人工智能的蓬勃发展为人们指明了方向。

总之，应该说，这是一个胜利的时代。

然而，我们如果仔细挖掘这个时代的遗迹，拂去化石上的灰尘，就会发现，实际上，这个时代并不像看上去的那样简单。从表面上看，在这个时代，人们似乎都是在前人的基础上尽情地收获着胜利的果实，但实际上，这个时代暗潮涌动，一场充满矛盾与破坏性的地质运动正在悄然发生。在这个时代的考古地图上，破坏、斗争和地质运动的痕迹随处可见，让其本身面貌变得更加难以捉摸。游戏世界是不是一个已经完成的系统？人们开始怀疑。与此同时，还涌现出一些其他问题，但并非每一个问题都有答案。

我们会在随后的评述中谈到。

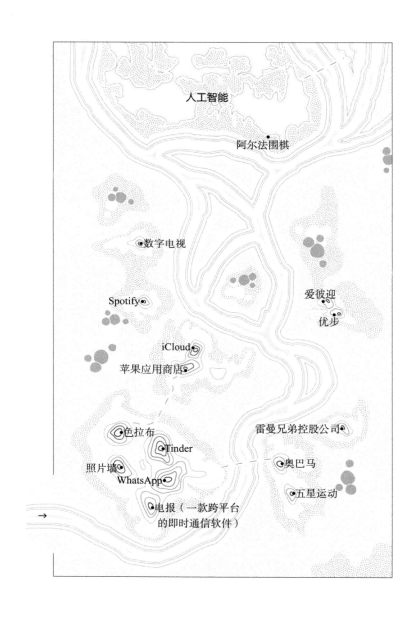

人工智能

阿尔法围棋

数字电视

Spotify

爱彼迎

优步

iCloud

苹果应用商店

色拉布

雷曼兄弟控股公司

Tinder

照片墙

奥巴马

WhatsApp

五星运动

电报（一款跨平台
的即时通信软件）

评述游戏时代

大众个人主义

在前文中，我们第一次谈到了增强人类。我们研究了数字化起义的早期，用"增强人类"这个词来形容万维网在诞生的过程中给每一位用户带来的陶醉体验：超世界的大门慢慢地向所有人敞开，人们可以尽情地在网络世界遨游，浏览别人发布的信息；可以不受时空限制，到处穿梭，畅行无阻。

那是 20 世纪 90 年代初的事情了。现在回想当时的情景，我们总会忍不住发笑。毕竟，在了解之后 20 多年的发展后，再用"增强人类"这个词来形容当时的成就似乎有点儿大材小用了。更让人忍俊不禁的是，那个时候，我们还没办法用手机发邮件，却给自己冠以"增强人类"的名号，甚至开始讨论"增强人类"是否会对人类的心理健康、社会的发展和世界的演变带来负面影响！

我们真是傻得可爱啊。

现在，我们既然进入了游戏世界，那么就可以更准确地了解一些情况。不，是我们有必要去了解。

可以确认的一点是，游戏时代的人热衷于发展个体潜力，这种倾向在大量新型工具的支持下得到了巩固，而这一过程实际上为全人类创造了更多可能性。在我看来，这一点是毋庸置疑的。不过，假如有人需要一些佐证，那么就请任选人类的 4 种行为吧，比如旅行、娱乐、查阅资料和恋爱，今天实现这些目标所需的工具与 20 年前相比，是不是有天壤之别？人类确实是被增强了，这无可争辩。

可以确认的另一点是，有权享受这一技术飞跃的并非一小拨儿幸运的精英，而是所有人。好吧，或许各位不愿意接受“所有人”这个绝对的说法。但是，如果 WhatsApp 的用户有足足 10 亿，开设脸书账号的人多达 20 亿，挂在爱彼迎上出租的房屋有 500 万套，那么这些工具的服务对象怎么会只是少数精英、富豪和西方名流呢？我正在谈论的是我们所有人的事情。如今，使用这些工具已经成为我们的家常便饭，但我们要意识到，向如此庞大的社会群体提供所有可能性是一项非常宏大的事业，因为人们在重新分配这些可能性的同时，也在重新分配权力。30 年前，只有一些加州反主流文化运动的嬉皮士黑客可以想象到和如今类似的情景，现在我们知道，那些想象并非天方夜谭。多了不起啊，运用电脑这样的新技术打破几个世纪以来的旧特权，将权力重新分配给全人类，居然是有机会实现的。早知如此，我也在这场近乎豪赌的浪潮中丢出一枚硬币就好了。

我们可以确认的第三点就是，这种权力的重新分配与人们在数字化革命早期便能察觉到的另一种趋势交织，这便是人们选择跳过中介直接掌控现实的本能，这种本能可以削弱精英的权力。多年来，权力的重新分配与这种本能形成两股相辅相成的力量，慢慢地，当一个人开始得到越来越多的权力、特权、可能性和自由度时，他就会利用它们摆脱不必要的中间环节，从而令精英阶层无计可施。大家想一想，每个人都开始这么做的话，星星之火是不是可以形成燎原之势？从人类发展进程看，这简直是一场精彩绝伦的剧变，一场撼动整个世界的地震。

显然，这些变化催生了一个完全不同的世界，而我们可以切实地感受它是如何变化的。不过，要搞清楚这个问题，非常重要的一点就是不要拘泥于细节，或被奇怪的个例扰乱思路，比如某人可以自行安排旅行，不用找旅行社，或者线上读者论坛比评论家更加权威，等等。这些都不是关键。我们需要把目光放远一些，以更为宏观的视角来俯瞰问题的核心，找一找这场颠覆性地震的震中到底在哪儿。我们其实已经知道答案了。

那就是我们的自我认知。

在游戏世界中，数十亿人每天都在接受一些超级维生素的供养，这些维生素的一部分是由他们扩展自身能力的数字工具产生的，另一部分则是在他们屡次尝试毁灭精英阶层的过程中发展而来的。在数百万人的意识之海中，一种新的自我认知浮出了水面，而他们还不习惯以这样的方式看待自己，甚至可以说，他们不应该这样看待自己。他们从后排被推到了前排，从幕后被推到了舞台中央，第一次能够凭借自身如此清晰地看见现实的模样，第一次把精英阶层赶下了舞台。过去，即使他们呐喊，声音似乎也只能回荡在闭塞的楼道里，而现在他们的悄悄话也能跨过大洋被地球的另一端听到。

突然之间，很多人意识到，自己可以直接思考和表达观点了，不仅如此，还能将自己的观点与他人分享。不必再等待某些精英发表意见、进行批准，每个人都可以产生自己的观点、塑造自己的观点、表达自己的观点，并将它们汇入数字世界的血液系统中，让几百万人都有了解自己观点的机会。在一百年前的欧洲，能做到这种事的大概只有几千人。

所以，我们可以说，这是一种自我的膨胀，或者说，是一种自我的重建，因为说到底，数字化起义的最终目的就是将曾经精英阶层才能享有的这种自我归还给所有人。当时的精英阶层从来不会认为这种自我过于膨胀，而是把它看作一种正常的自我能力成长的必然结果。所以，我们也可以称之为自我的回归。大家要知道，这种回归是以一种非常巧妙的能力实现的。数字工具的天才之处在于，它在增强人类自我意识的同时，还为人类提供了一个受庇护的栖息地，那是一片柔软的土地，人类的自我可以在那里相对安全地成长。所有的社交媒体，不论是简单的即时通信系统，还是像优兔那样的大型视频存储平台，都是让人展示自我的平台，但不会让人过于暴露自己。在这些平台上，人们可以尽情地抒发观点，甚至可以带着一点儿野心和侵略性，但永远都会拥有属于自己的舒适区。这是一种理想的境界：有人在数字平台骂自己国家的司法部长，也有人因发表自己录制的3首歌而迅速走红，这些都是个人的行为，而数字世界只是为所有人提供了这样的机会，能够让个人的行为发挥如此的效果。这是史无前例的，相信我。

我想说的是，在20世纪，如果某个人觉得自己是增强人类，那他一定身处一场集体的仪式，或者是从一个特定的社会层面的角度来说的：在这种集体范围内，一个人才会感到高度的充实感和自我表达感，甚至会觉得自己很伟大，但这个人的身份只是集体的一分子，这个集体可以是这个人所在的国家，也可以是教会、政党，至少是一个家庭。在这些情况下，增强人类是一种集体的升级，并非个人的升级，对个人来说，他并没有得到提升。

但在过去的30年里，一些巨大的变化发生了。游戏世界的主角几乎都是个人玩家，它为个人玩家着想，开发个人玩家的技能，为个人玩家打分。就连时任美国总统特朗普和教皇方济各也会以个人的身份发推特，这说明他们也认为游戏世界是一个一对一竞技的世界，每个人都习惯独立表达自己。这样一来，游戏世界就成了一台大型的大众个人主义孵化器，我们没有见过这样的东西，也不知道应该如何应对，从根本上说，这让我们有点儿猝不及防。不过，地球上真的没有发生过类似的事情吗？据我所知，唯一能称得上大众个人主义的实践可能就是公元前5世纪雅典的民主政治活动了，但那个时期所说的大众，只不过是雅典城

15% 的居民罢了。虽然他们也能制造巨大的混乱（或奇迹），但说到底只是 15% 的居民。在如今的意大利，两个人之中就有一个人有脸书账号。

因此，我们如今面对的是一个史无前例的情况，以游戏的角度来说，还没人真正闯到这一关。我们一次又一次地面临着看似荒谬的游戏情景，就连预测它们的发展情况都让人筋疲力尽。

举个例子，当个人主义变成一种大众行为，首先受到冲击的就是"大众"概念本身。也就是说，过去的社会阶层和由于某种归属感而集结的大型集体将不复存在，比如由天主教徒组成的宗教性群体，由英国人组成的国别性团体，由流行音乐爱好者组成的共同爱好群体，等等。过去，这些集体性庞然大物里基本上看不到个人的行为，而其一举一动都由一个精英阶层掌控。在游戏世界中，这种集体行动却很少见，因为大众个人主义产生了上百万个微观行动，这就粉碎了领导的作用。与"世界上一切事物都处在永恒的运动变化发展之中"这句古老的箴言一致，即便是由于共识而凝聚的大规模团体也会很快瓦解，因为其并非经过时间沉淀的地质构造，而是由个体在很短的时间内凝聚而成的，注定会在下一种情境中溃散，因为个体或许会产生不同的观点。总结一下：在游戏世界，随着大众个人主义的出现，已经没有所谓的大众了，就算有，也是在个人游戏的情况下偶然形成的。

另一个让我感兴趣的矛盾是：游戏世界中的个人主义是缺乏身份的，这是一种比较令人伤感的现象。举个例子，在游戏世界中，人类可以出色地对一些观点做出反馈，而自己并不拥有这些观点；可以做出权威的判断，却不具备必要的专业知识；可以做出重大的人生决策，却缺乏该有的生活经验。这就好像技术能力的重要性已经远远超过了事物本质，数字工具把一台非常强大的引擎装进了车里，而这辆车却不够坚固，无法承受、控制它，更别说真正使用它了。

　　这并非毫无先例，因为人类经常产生新的思维体系，却没有能够支撑这些体系的能力：比如，启蒙运动激发了人们对自由的追求，但那种自由在那个时代是无法实现的；浪漫主义以很低的成本创造了一种感性思维，但大多数人在"生理上"无法接受这种感性。因此，这种情况对我们来说并不陌生。不过，这不能解决我们生活在这个游戏世界中的问题：一大半玩家在不应该出声的时候，反而在舞台上展示自己，台前幕后的混乱程度可想而知。

　　我不想过多地谈这些矛盾，所以，我要用下面几行字谈谈最后一个问题。这是我的肺腑之言。顾名思义，个人主义一直被视作一个叛逆的概念：它声称自己是反常的，拒绝随波逐流，总是逆潮流而行。但是，当几百万人一起逆潮流而行时，正确的方向究竟是哪个呢？

　　数字化起义的先驱者想象到上述矛盾的现象了吗？我觉得没有。是因为这些现象不可预测吗？也许吧。但是只要清醒一点儿，还是有可能预测的。我们可以与这些矛盾共存吗？坦白地说，可以，因为我们已经与它们共存了。但这些矛盾无疑带来了一些裂缝，就像无意间从游戏世界脱落的碎片，带走了力量、连贯性，甚至是美感。它们会让人迷惘，变得手足无措。不过，我希望大家不要忘记一点：这些矛盾来自解放、撕裂与希望。在重新分配权力的过程中，我们总会失去一些透明、和谐，甚至是本质的完整性。

因此，如果我们回过头来，像考古学家一样研究游戏世界明显获胜的年代，我们一定会发现一段不完美的时期，这段时期将尊严归还给很多人，让大多数人有了自我认知。但同时，在游戏世界的最初几年里，一些人不得不开始应对上述矛盾，以期待重新找回平衡，变得成熟，创造一些属于这一新时代的优雅。可以说，这些人在游戏时代还不具备做自己的能力，因为实际上没有任何工具赋予他们这种能力。

新精英

当我们以考古学家的角度来看游戏时代的矛盾和奇怪现象时，我们还会发现一个非常明显的事件：多年来，数字化起义都在努力颠覆精英阶层，建立一个能够靠大众个人主义立足的体系，但是，游戏世界却产生了这个时代独有的新精英。虽然这个阶层是独特的、全新的，但说到底，也是精英的一种。近些年发生了一个颇具代表性的事件：2018 年 4 月，美国参议院针对扎克伯格的脸书举行了一次听证会。

调查发现，一家名为剑桥分析的英国公司卷走了数百万脸书用户的个人信息，用于影响 2016 年美国大选的结果。之前，华盛顿的那些政客一直放任扎克伯格肆意发展脸书业务，但这一事件一经曝光，他们才如梦初醒，像系主任找大学生谈话一样，将年轻的扎克伯格传唤到了国会。如果大家看过那场听证会的视频，就会发现现场的气氛非常庄严：一群当权者坐在高位，几乎围成一个颇有压迫感的半圆，每个人都端庄地坐在皮椅上，身后还站着几排人——我不知道他们是干什么的，也许是给领导拎包的吧。

他们居高临下地看着坐在中央的那个男人，而他显得孤独又无助，就像是法庭上的被告，旁边还放着一杯像从监狱带过来的水。扎克伯格没有以自己惯常的着装风格亮相，而是穿着西服，打着领带。这身装扮非常重要，因为这意味着扎克伯格接受了当权者的游戏规则。在接受质询的过程中，扎克伯格试图给他们讲清楚这些新兴事物的起源、运作机制和意义，但所说的每一句话都含着给那些年事已高的"老小孩"解释新兴事物的辛苦。有时，他们还会问扎克伯格一些超现实的问题，后者能在回答这些问题的时候保持严肃，真是费了好大的功夫。换位思考一下，就像这些议员听到扎克伯格问"您做参议员是要赚钱呢，还是要服务于美国？"或者"当初投票给您的选民现在过得更好了吗？"这类问题，都很荒谬。不过，扎克伯格还是忍住了，没有发笑，似乎他真的像被系主任找去谈话的大学生一样紧张。他处于一个荒唐的境地，被困在他从来不关心的地方，他正在输掉一场他从来就没有玩过的游戏。当时的他举起双手，站在十几支步枪的枪口之下，而在多年前，他和与他类似的人就把这些枪的子弹取出来了。多么精彩绝伦的叙事情境，即使是莎士比亚看到这样的剧本，也会自愧不如。

这是一场新老精英之间的对决。

慵懒的、发福的、年迈的、不可一世的、仍然有权有势的老精英。

略显不自然的、冷漠的、近乎不近人情的、出人意料却自信的新精英。

这场对决的胜利者到底是谁很难说，就像是问鹰与猎豹对决谁会胜利（孩子们有时候就喜欢问这种问题，他们甚至特别爱问蜘蛛侠和耶稣到底谁更厉害）。

这是两个毫不相关的世界，在空间上也没有交集。这两个世界最本质的区别在于是否会运用意识形态。参议员们是靠某种意识形态维系他们的世界的，而扎克伯格却用不着意识形态。参议员们要解决的问题是让事物在某些主流意识形态的领导下运行，扎克伯格要解决的问题只是让事物运行。参议员们陷入了典型的美国式两难境地，即如何在不违背无节制的自由主义原则的情况下制定规则，而扎克伯格只想将人们联系起来。当这些参议员问扎克伯格，如果像欧洲人那样引入一些限制类的规定会不会更有帮助时，扎克伯格说是的，可能会。他根本不关心美国的自由主义思想，他只想把人们联系起来，所以，他如果在这个过程中给人们带来了一些麻烦，那他会为此感到很抱歉。当然，他的技术团队会去解决这些麻烦。他没指望政府会为他提供帮助，但如果政府提出了一些有用的建议，他会觉得未尝不可。事情就是这么简单。这就是游戏世界的创始人的世俗主义——彻底、无情，有时甚至会令人生畏。

扎克伯格的听证会能很好地解释当时的情况，它让两种权力——20世纪旧文明与游戏世界进行了近距离的交锋，让我们直观地看到了新旧文明之间的鸿沟，看到了范式的转换和新精英的出现。但是，各位不要觉得所谓游戏世界的精英只是指像扎克伯格这样开发了数字技术、让我们的世界天翻地覆的少数亿万富翁，那样理解就太狭隘了。在某种程度上，这些人实际上是无关紧要的：一个体系的强大不在于处于顶层的少数精英，而在于能够在各个层面广泛培养精英的能力，这些精英可以在各自的领域中不断构建特定的生存方式和理念。

从这个意义上说，如果想搞清哪些人是新精英，最好从社会阶级的下层开始找。这些新精英并不难辨认，他们就是那些能够进行后体验的人。

大家还记得后体验吧？那种智能化的多任务处理方式，从事物的表面就能获取本质意义，让事物的本质像冰山露出的一角一样浮出水面的技巧。想起来了吧？

很好。能够进行后体验的人就是我们要找的新精英。他们在游戏世界中游刃有余，从事物的表面就能生成动力，还能利用运动所产生的瞬息万变的结构来获取力量。他们可以让散落在游戏世界各处的材料发生化学反应，生成未知的材料，并利用它们建设新的家园。可以说，他们是以一种近似有机的方式在使用数字设备，让这些设备成为自己的延伸。他们身上没有现实世界与超世界之间的任何界限，他们完全适应了这个由双引擎驱动的现实系统，成了一种在这两个世界中生存的"两栖动物"。他们的思维非常灵活，却搞不清楚一些静止事物的含义，因为他们根本注意不到这些静止的事物。他们从不惧怕后体验中那些不稳定的因素，因为他们从来就不知道什么叫稳定。他们还认为，游戏世界中所谓的迷失就是一种认知。要是在 20 世纪，这种能力可能会被视为一种先进的智慧，但如今，它只不过体现了一种普遍的智力水平——毕竟，现在的人们几乎都拥有这样的能力。就像其他的精英一样，这些游戏世界的新精英可以是崇高的，也可以是怪诞的，崇高和怪诞是他们兼具的两种特质。

不过，我还是想明确一点，这些人将会制定最终的游戏世界规则——无形的但具有决定意义的规则：什么才是美好的，什么才是对的，什么是活的，什么是死的。如果有人希望数字化革命将带来一个人人都能创造自己的价值观和规则的平等世界，那就只能接受现实了：所有的革命都会催生精英，这些精英会告诉人们，他们的革命到底搞出了什么名堂。

今天，这些拥有后体验的人已经脱颖而出，以一种不可逆转的方式成为人们竞相模仿的榜样，甚至成了英雄。他们不仅仅是少数智者心目中的英雄，还是游戏世界中广大居民的英雄。举个例子，当我在写这几行字时，罗马火车站正有无数形形色色的人经过，这些人中既有游戏世界的居民，又有拼尽全力才勉强不被踢出游戏的人，还有从来没进入过游戏世界的人。他们都能看见一连串的巨幅广告装饰着进站的走廊，而广告上全是年轻的数字世界模范的肖像。这隆重的场面让我想起帕提侬神庙长长的排档间饰。这些精致、漂亮的肖像就是我见过的最好的后体验案例之一。实际上，那是一位著名时装设计师的广告，卖的产品是这些人身上所穿的衣服。但我几乎无法把视线放在衣服上，因为归根结底，真正吸引我的是这些游戏精英的处事方式。每幅肖像上，每一位人物旁，都配有一句话。

√ 他拥有两个国家的护照，但并不在这两个国家生活。

√ 他参演过一部短片，却不以此为荣。

√ 他喜欢在清晨练瑜伽，也喜欢睡懒觉。

√ 他是股票专家，但更愿意成为艺术家。

√ 她是坚定的素食主义者，几乎一直吃素。

√ 他热爱纽约，但他想家了。

√ 他创立了一家成功的广告公司，也永远有时间陪朋友。

√ 她不喜欢被定义为"网红"。她喜欢影响别人。

√ 他能把裸体画画得像风景画。他没有智能手机。

√ 他是圣保罗的一位室内设计师。他登上了里约热内卢北部的多座山峰。

√ 他有车，也有电动牙刷。他用手洗盘子。

√ 他总是给游客提出错误的建议，但他之后会感到抱歉。

√ 以前他每个周末都出游，现在他住在乡村里。

√ 他对自己承诺要早睡——从明年开始。

√ 他继承了父亲的事业，却没有继承父亲的衣帽间。

√ 他辞去了银行的工作，改行做面包师。他从不后悔。

√ 他不信星座。他是典型的射手座。

√ 他白天做会计师，夜里跳探戈。

√ 有时人们觉得他是个演员，但他更喜欢做幕后工作。

√ 他在数字出版界工作，但依然看纸质书。

不用说，这些人都是光鲜亮丽的年轻人；不用说，他们来自不同民族；不用说，他们的穿着打扮非常时尚；不用说，他们都诠释着自己的个性；不用说，他们看起来都不被别人掌控；更不用说，那些在火车站里四处奔波、灰头土脸地追赶城际火车、努力地拼凑出还算体面生活的人看到这些模范，一定会破口大骂，质问这种羞辱什么时候才能结束。但我希望大家理解的是，这些肖像非常准确地诠释了新兴精英阶层的特点：这些新精英从数字世界中学到了一系列行为和技能，并将其成功地运用到数字世界之外的生活中。也就是说，他们将数字技术融入了自己的生活中。广告总是带点儿讽刺意味的，但这些广告中的人物都是正确的：他们都是游戏世界中出类拔萃却难以捉摸的人；他们创造了彼此间看似矛盾的连贯形象；他们将彼此遥远的世界的碎片拼合，建立属于自己的意义；他们使用数字技术，却不依赖它；他们轻盈地穿梭在数字世界和现实世界之间，承载着过去（改做面包师！），掌控着现在（他们所有人都有工作！），展望着未来（汽车？要买电动的）。这些人不是电脑呆子，不是工程师，不是程序员，更不是互联网暴发户，他们是一种新的知识精英，隐约带有人文主义色彩。对他们来说，与其说是研究学科，不如说是有能力将各种想法联系起来；他们不追求知识的特权，而是行动的特权；比起深入思考，他们更享受快速思考的乐趣。

所以大家在看待这些精英时，不要戴有色眼镜，应剔除商业成分和时尚元素，给予这些人一定的尊重。不要过于关注他们穿的开襟毛衣，更多地关注他们是如何寻求事物本质的，这样一来，大家会对后体验的掌控者有更加直观的认识。就是这些人颠覆了 20 世纪的旧观念，他们是游戏世界中最厉害的航行者，将人类的传统认知转化为一种建立在表面性、大众个人主义、流动性和轻便性上的新认知。好了，我们不用太过激动，我也知道，他们中的很多人其实对自己所处的世界一无所知。他们以一种惊人的速度在游戏世界里穿行，却从未触碰游戏世界的表面。在这种可悲的自恋中，后经验为那些没有能力产生想法或知识储备不够的人提供了掩护。这让我想起了 20 世纪精英中出现过的那些所谓的博学者：他们用知识掩盖思想和观点的不足，而现在是用速度、表面的华丽和美好的体验感取代了思想和观点。不过，我依然相信，正如 20 世纪的精英确实创造了卓越、精彩、具有救赎意义的智慧，游戏世界里的精英也正在通过一个又一个的案例形成具有前瞻性的、稳固的、非常实用的智慧。也许有些人并不会设计一款游戏，但他们会玩，因此也能理解游戏。这些精英之于游戏世界，就像费德勒之于网球，他们不仅能把球一直控制在场地里不出界，还会打出一些出其不意的球，这些球路就形成了游戏世界中的文字。一万年后，这些文字也会成为某种洞穴里的壁画，那时候的人便能通过研究这些痕迹鉴别我们今天的这个文明。

偶发性的政治侵扰

五星运动值得关注的异常表现

在这个时期的考古活动中，我还发现了一块意想不到的化石，它记录了一些数字化起义军攻击执政者权力大厦的痕迹。需要指出的是，这只是小小的痕迹，只是在意大利这样的数字化边缘小国出现的个例。我们说过，意大利的环境似乎不适合进行这种数字化试验，就环境来说，北欧才适合大肆试验，毕竟北欧国家在直接民主方面有了一定的基础，而且注重为数字技术创造营商环境。事实却并非如此，五星运动就是在意大利这样一个数字化程度很低、信奉天主教、与科技相比更加崇尚人文的国家诞生了，而且成了议会第一大党。这是怎么回事？

不管怎么说，事情就是这样的，不过我们可以从五星运动的成功中学到一点：属于 20 世纪的、庞大的、闭塞的、稳定的、臃肿的、历史悠久的政党，并不适应游戏世界的规则。显然，它们是旧文明的残余。如果游戏世界不去干预老派政党，那么它们就会一直有其存在意义，可一旦政治成为开放的游戏场，其他玩家（不一定非得是数字玩家，也可以是民粹主义者，或者是为某些特定事业而聚集了大批公民的运动）也能参与其中，这些老派政党就成了必将被攻破的马其诺防线。可以说，西班牙社会民主力量或像马克龙领导的新政党都能够在这方面提供经验。五星运动的远见之处在于明白这一点，深信这一点，并以毫不妥协的坚定和大胆的行动克服它带来的问题。

坦白来讲，对数字民主和网上投票，我无法给出有用的意见，这也不是我特别关心的主题。不过，在观察这些现象的时候，我总感觉有一些直觉的火苗在噼啪作响：如果不能找到 20 世纪政党固有模式的替代品，如果没有能力操控时刻处在运动中的不断变化的大众，如果做不到引导流动的趋势，就永远无法在突进的游戏规则下取得胜利。

从某种意义上说，这剂猛药还应该开给一些其他的公共机构，那些机构目前还没有受到数字化起义的侵扰，还在表面的安详中呼呼大睡。首先就是学校。可以想象，无论是从时间、空间还是人力上说，学校都是 20 世纪的产物，其思维固化，结构稳定。几十年过去了，这里依然采用原有的模式。可以肯定地说，有朝一日，如果有人想要对学校进行革新，那么最先着手的就是学校里的班级、学科、授课教师、学年制和考试。这些单一死板的结构与游戏世界的理念格格不入。

就五星运动和意大利的经验来讲，还有一个不是那么令人愉快的方面，那就是五星运动向选民推介的纲领。那是一个与任何逻辑都背道而驰的纲领，很多内容都体现着 20 世纪的思维，让人很难从中辨识数字化起义的精神。

比如，五星运动有明确的反欧盟思想，执政后，不排除会让意大利退出欧元区。其对英国脱欧表示支持，此外，其赞成稳定的工作。这些理念怎么能与开放的游戏场、对流动性的崇尚、嬉皮士思潮和共享的世界挂钩呢？想不通。在移民问题上的立场也是如此：在打开国门这方面，五星运动的态度很谨慎，甚至在必要的时候会强硬地保持国门关闭。其在一夜间鼓吹的减缓发展速度、注重可持续的理念也与数字化先驱骨子里的雄心壮志相左。这一切都显得那么奇怪，好像其只是披着数字化的外衣，其实与数字化根本没有关系。就在我写这段话的时候，还发生了一件更令人捉摸不透的事情：五星运动与联盟党组成了执政联盟。联盟党是一个民粹主义政党，带有很强的排外性，是由意大利北方发达地区的一小拨儿企业家组成的右翼政党，它的追随者都是埋头苦干但缺乏诗意的实用主义者，比较守旧，不愿意接受未来，我觉得这应该也算是一种老旧的固化思维吧。数字化起义催生的一股力量与这样一个老派政党之间有什么可以瓜分的利益吗？从表面上看真是毫无干系。从人类学和文化的角度来说，分明是水火不容的两派，更不用说两者之间的政治共识了。但是，就是这样的两股政治力量组成了执政联盟，两者互相理解，有共同的目标，真是让人难以置信。究竟发生了什么？

当然，既然是政治问题，两者组合就必然有很多因素，而且往往很低端。我赞同这个说法。但抛开政治因素，还是有一些不对劲儿的地方。我既然写了这么一本书，应该试着为大家解读一下。

我试着从一个更宏观的角度来看这个问题，暂且忘记意大利是我的祖国，这样我才能更客观地发现一些问题。

我发现，数字化起义与右翼民粹主义至少在两点上是可以契合、互相理解和共存的：一是对精英阶层刻骨的憎恨，二是为了利己而迎合大众的倾向。

我不想在这里谈论民粹主义运动，所以我们还是把注意力集中在游戏世界和像五星运动这样的现象的启示上吧。启示就是，游戏世界在社会、思维和技术方面创造的坚固结构，在某种程度上激发了一些本能的且具有颠覆性的情感冲动和行为冲动。比如，有这样一种想法，即淡化精英的作用，重新分配那些拥有知识特权的人所享有的权力，让每个人都有权利直接掌握现实、自由做出决策。这个想法来自 20 世纪的精英所造成的灾难。从理念的层面来说，我觉得这并非坏事，但也会发生以下情况：在后续的演变过程中，一切都被归结为一场充满怨恨的清算，一场不算特别暴力但盲目激进的搜捕，似乎矛头都指向了那些失败的、依然以不公正的方式占据官位的精英。一般来说，游戏世界的居民似乎不想要达到这样的状态。与踢每个政客和当权者的屁股一脚相比，很多支持五星运动的民众只是想更好地治理国家。当然，五星运动的经验也告诉我们，在某些情况下，这种无法控制的大规模"简化"确实会发生，政治领域也不例外：在感性占主导的地方，某些思想目标会被纯粹的集体冲动淹没，简化成一种宣泄。

在这种情况下，人们对数字手段的应用会变得非常狭隘，慢慢地，甚至只剩下一种本能，一种不耐烦的行为，一种"去他的"姿态。就是在这一刻，五星运动与右翼民粹主义政党走到了一起。二者的结合本身没有什么意义，也没有那么重要，但对研究游戏世界的我们来讲，传递了一些信息：这说明游戏世界就像人体一样，也有一个消化系统，时不时会发挥主导作用，而当它开始闹肚子的时候，任何偏离的行为都是有可能的，甚至会让你倒退到几年前，或者陷入思维固化而酿成的愤怒中。所以，五星运动和右翼民粹主义政党联手也就见怪不怪了。

与之相似的是，多年来耕耘大众个人主义最终会产生一种并不想获得的效果——大众利己主义的滋生。也就是说，越来越多的人将失去洞察全局、提前规划行动的能力，变得只顾眼前这步棋，只关心自己、保护自己。我不觉得数字化起义先驱被这种利己主义的阴影笼罩，因为数字世界确实有很多个人主义，或许是太过个人主义了，但我认为没有人是自私自利的。他们有长远的眼光，有一种无论如何都以集体为本的氛围，有一种不让任何人掉队的本能。然而，当人们产生了"增强人类"的观念，培养出更强的自我意识时，一种大众个人主义就会形成，也就有可能滑向一种大众利己主义。这样的演变会持续很多年，每一刻都可能滋生这种利己想法，只需要一场困境、一丝恐惧、一次意气用事、一群来避难的难民，大众利己主义就会出现。就是在这一刻，五星运动与右翼民粹主义政党走到了一起。二者的结合本身没有什么意义，也没有那么重要，但对研究游戏世界的我们来讲，传递了一些信息：这说明游戏世界就像人体一样，也有一个消化系统，时不时会发挥主导作用，而当它开始闹肚子的时候，任何偏离的行为都是有可能的，甚至会让你倒退到几年前，或者陷入思维固化而酿成的愤怒中。所以，五星运动和右翼民粹主义政党联手也就见怪不怪了。（我知道，我已经写过这些话了，但我想在这里强调一下，顺便显得对称。）

　　总结一下：游戏已经出现在政治生活中，尽管它的影响似乎还没那么重大。这教会了我们两点。第一点就是 20 世纪的老派政党与任何具有较高流动性的政治运动交锋时，都会败下阵。第二点就是游戏世界也会"闹肚子"，也存在不理性的情况，也就是说游戏世界并非一个完全由技术、理性和效率主导的世界。

　　我们现在结合两个历史事件看一下（它们可是两处弥足珍贵的古迹呢）。

"一切"的重新发现

　　众所周知，当布林和佩奇去斯坦福大学找他们的教授推介有关未来创建谷歌的研究项目时，那位和蔼可亲的教授提出的第一个反对意见就是：想法挺好，但是你们得下载所有网页吧。说这句话时，教授似乎认为这一盆冷水足以浇灭两位青年的创业热情，毕竟当时的网页有 250 万个呢。但他没想到的是，这两位青年并没有被吓倒。这有什么问题？他们反问道。从那一刻起，他们就开创了一种新的思维，这种思维随后成为所有从数字化起义中诞生的组织所共有的：把一切都看作合理的，一切都组成了一个有意义的游戏场，甚至可以说，这才是唯一值得玩耍的游戏场。

　　亚马逊从创立之初就以全球最大书店自居，因为它有能力经营全世界的图书（或者至少是全世界的英文图书，毕竟美国人很难不那么自大地认为世界上只有他们自己）。eBay 很可能可以将全世界的人类联系起来，电子邮件也能做到。我们可以立刻明确一点：一旦全世界的信息变成一种轻便的非物质格式，任何地域的边界就又会变得肉眼可见了，之前获取非物质信息的先进理念也将在实践中变成一种靠耐心和恒心才能完成的常规行动——要下载全世界的网页，就要将网页存储在大量的电脑里，再租一间仓库将这些电脑储存起来。只能这么做。与之相似的是，将音乐转化为数字格式存储在电脑里，用几秒将电脑里的文件打开之后，就躺在沙发上听歌——这样的想法挺好，但要是只转化古典音乐、欧美流行音乐，或是 20 世纪 60 年代的音乐，未免太局限了，把全世界的音乐转化成数字格式，想听什么就听什么，不是更好吗？

总结一下：过去，"一切"这个词对我们来说象征着无限的假设，但自数字化起义开始以来，这个词不仅变成了一个可估量、可占有的量词，还成了市场上唯一有意义的量词。如果不能满足对"一切"的需求，那么这类商品的吸引力就会大打折扣。举个例子：Spotify 可以让用户共享全世界的音乐，这件事的意义并不在于这个平台是否真的存储了全世界（几乎）所有的音乐，而在于这种服务的支付方式。这个平台并不以收听某一首歌曲计费——用户在支付全平台的订阅费后，直接可以享受全世界的音乐。

说白了，只有"一切"才有价格，"一切"才是唯一的商品。希望大家不要低估这个变化。这是一场纯粹的革命，会产生巨大的影响。

最开始的影响是在文化方面，也可能在思想方面：当你把任何"一切"变成一个整体的计量单位，以此进行交易时，最严重的影响就是没有"无限"这个概念了。如果你想拥有一切，那么就不存在所谓的无限了。我们不妨回忆一下，无限这个概念是浪漫主义的支柱之一，也是孕育 20 世纪文化的土壤。说到这里，大家应该意识到了，我们回到了一切矛盾的起源。每隔一段时间，数字化起义就会显露一个令人叹为观止的目标，这一次就是要打破"无限"的标杆，其做到了。这并非一个错误的想法，因为在某种程度上说，正是这种"无限"的思维在 20 世纪催生了一种非理性主义（更别提神秘主义了），随后酿成了大祸。从某种意义上说，有必要进入这样的思想领域，将其转化为风险较低的思想。这正是成千上万款 App 正在做的：消除无限的概念，将世界上不受控制的边界尽可能地控制住。Spotify 只是一个很小的例子，却是一个缩影：当一款 App 可以让你看到所有歌曲的歌词时，你会唱的歌与你不会唱的不计其数的歌之间的界限就消失了，你面对这些未知产生的纠结、迟疑、空虚和陌生感也都会消失。再比如，点开一款 App，用这款 App 给文本照一张相，它就开始给你翻译所有的外文，这时，语言的壁垒也被打破了，你会慢慢觉得自己真正触碰到这个世界的各处边界。

如果你愿意，还可以试试其他 App：从谷歌到维基百科，你得到的都是已经建好的世界，在这些世界中，无穷是法则，"一切"是合理的度量单位。将这种感觉每天重复数十次，日复一日，年复一年，你渐渐就会明白：在游戏世界中，"无限"是一个被抛弃的概念，它顶多是一个艺术词汇，它的服务对象大多数是"附庸风雅"的观众。所有存在技术理性的地方，都有强大的计算能力，因此，人们会逐渐认为世界上不存在真正无法触及的边缘。

这似乎也是电子游戏的模式：尽管很少人会全部通关，但每个人都知道，关卡全打通的目标最终是可以实现的，不存在无法控制的"无限"。与此相似的是，电视剧尽管会给人一种没完没了的感觉，但并非如此，它只不过还没有播到结局罢了。毕竟，如果编剧一开始就公开表示不知道剧本会如何发展，你肯定不舒服吧。人人都可能因为厌烦而弃剧，但大家都知道这部剧总会有个结局。就这样，从一个工具到另一个工具，一点一点地，游戏世界形成了这种独特的策略，这种策略或许就是支撑它的力量之一：它以自己的方式将整个世界装进庞大的仓库，消除了对"无限"的不确定性。所以，进入游戏世界时，就会有一种被摸不到的墙环绕保护的感觉，虽然你摸不到，但你知道这些墙是真实存在的。

显然，这让游戏世界失去了一些魅力。事实上，我们已经发现数字文化产品可能会存在死板、缺乏共鸣、缺乏颤动等缺陷，而它们也许就是由此导致的。

缺了"无限"带来的颤动，现实中的一切似乎都会变得有些麻木。不过，之前我们也提到借助后体验的帮助，游戏世界还是可以在系统中植入人类想要的颤动的，也会产生一定的神秘感，甚至可以让无限的体验得以延伸。在这些自给自足的系统中，一切看似是封闭的，但如果你将它们彼此连接，并将其当成旅程中的不同过程时，它们就会重新运动，让这个旅程无限延续：这就是后体验的作用。在这段旅程中，世界重新开放，并且不会终结。

这样一来，摆在我们面前的就是一个真正意义上的战略模式，它的路线很明确，因此我们有必要将其清楚地记录下来。正如我们之前提到的，这种模式就是游戏世界的支柱之一。它分为五个步骤：

（1）将全世界的事物储存在无数大型仓库中，消除"无限"带来的不确定性。

（2）进入这些仓库生活，受到四面八方的围墙保护，虽然你无法触碰这些围墙，但你知道这些围墙是真实存在的。

（3）将各个仓库连接，重新找到"无限"的感觉。

（4）将仓库的钥匙发放给所有人。

（5）所有人都可以在各个仓库中自由自在地生活。

按照这五个步骤，我们就打开了游戏世界的大门。

了解了这种战略，我们就可以更好地理解"一切"的重新发现给我们的处世方式带来的第二个影响，这一点同样很值得探究，因为它涉及商业领域，尤其关乎竞争和多元化的理念。让我们拭目以待。

谷歌是一个突出的例子。它证明了那些把"一切"当作度量单位的数字化主角，逐渐发展出一种独特的本能，即把自己也看作一种"一切"。我的意思是，谷歌是唯一的搜索引擎，它没有竞争对手（至少在西方范围内如此），也没有人希望它有竞争对手。这种对所有空间的本能占领是无法避免的，而它是数字化起义中普遍出现的商业模式的一个缩影：一笔好的买卖中只有一名玩家，这名玩家就是你自己。我不觉得亨利·福特在创建福特汽车公司的时候会这么想，迪士尼公司也不会这么想（尽管它一直在为垄断市场绞尽脑汁）。但在数字时代，这种商业模式成了理所当然的，以至于没人会思考为什么与大众汽车和雀巢等企业相比，亚马逊、脸书、推特这些互联网企业没有那么多的直接竞争对手。在数字时代，某种改变发生了。要想解释这种改变，我就需要给大家打个比方。拿打纸牌来说：过去，做生意就像用已经发明的纸牌开发出牌的套路，最终，谁打出的套路最优，谁就是胜利者。但现在，做生意就像要先创造之前根本不存在的纸牌，然后打出唯一的一个套路，而这个套路就是你自己发明的。

这并非易事，要不然苹果和三星就不会在手机市场上竞争得那么激烈了，苹果 Safari 和谷歌 Chrome 也不会为了垄断浏览器用户而拼得你死我活。平板电脑领域的竞争也很激烈，微软和苹果之间的较量始终没有停止。

不过，WhatsApp 作为即时通信 App，似乎没有那么多竞争对手，它已经成了"即时通信"这种行为的代名词，同样取得这种地位的还有推特、谷歌、Spotify 和脸书。它们都为我们揭示了游戏文明创造如今世界所采取的一种重要思维：它不喜欢 20 世纪的多元化概念（不同的玩家在同一个游戏场中共存），甚至认为这种多元化会让事情变得更为复杂和混乱，会消耗更多能量，是毫无必要的。与其让玩家们疲于应付同一个游戏场中的其他人，还不如凭一己之力增加游戏场的数量。对游戏文明来说，所谓的效率就是每个游戏场只有一个玩家，但有千千万万个游戏场。就这样，它找到了一种能够抵御垄断、权力集中、单一思维及任何奥威尔式风险的防御系统。我知道，谷歌和脸书是两个典型案例，但实际上，数字化起义军一开始就已经明白，要想让一个公民实现真正的自由，就要为其提供很多游戏场，而非让一大堆玩家挤在一个游戏场里。这些先驱不会花时间确保电视新闻中播报所有党派的意见，而是要让所有党派都有属于自己的晚间新闻。拥有无数频道的数字电视就是他们努力的结果，而我们必须承认，从表面上看，这确实是有效的。

我要现身说法了。我成长于 20 世纪 60 年代，那时意大利只有一档晚间新闻节目，我们家会在晚餐时收看。虽然我们不会气氛特别庄严地收看它，但我们还是会对这档节目抱有一定的尊重，因为当时没有其他新闻频道。

当时我们家只订阅一份日报，这份日报的老板是我所在城市的首富（应该也是全意大利的首富吧）。在那个年纪，我觉得大人不会说谎，于是当我在饭桌上一边喝着汤吃着排骨，一边听着一位播音员播报新闻的时候，那位播音员在我看来就像是神。他播报的新闻是关于一场我全然不知的战争的，那场战争发生在离意大利很远的地方——越南。现在想想，我那时候能知道那场战争真实的情况，或者至少一半真实的情况吗？完全不可能。对当时的我来说，美国人是善良的、高大的，有一口健康的牙齿；而越南人则都是坏人，五短身材，牙齿参差不齐。同样，在我的成长过程中接触的信息系统里，有什么能让我脱离这种类似于中世纪的盲目吗？根本没有。于是，人们开始考虑对这种系统进行修正：在意大利，除了执政党，另外两个党派也开设了自己的电视台。于是，播音员由一个变成了三个，我心目中的神也变成了三位。意大利人认知里的世界变成了三个不同的版本：当时越南战争实际上已经结束了，但假如还有战争，在第一位播报员的口中，美国人最终会获胜；在第二位那里，这场战争是何等混乱啊；到了第三位，越南在几年前就已经赢了那场战争。各位可以想象一下，那是多么荒唐的情境。要收拾这个烂摊子只有一种办法，那就是建立一个可以接收全部信息、任何人用任何设备都可以获取这些信息的系统。这样一来，没有一则新闻会被奉为圭臬，所有的新闻都需要人们谨慎对待，不同领域的权威人士都能成为新闻来源，精英阶层不再是新闻的垄断者。

很好。我们确实做到了。

我儿子现在与当时胡志明痛打美国人时的我年龄相仿，但我不知道美国人在越南的境况如何。今天来看，与我儿子现在每天所处的游戏世界相比，把他放回那个只有三档电视新闻节目和一份日报的时代，并不会有更大的教育意义。我知道，游戏世界当然也存在风险，我也同样有疑虑，我尊重所有批判与警惕，但我还是相信，与几十年前的我所处的时代相比，游戏世界的体系会让他有更多成为一个谨慎的、具有广泛认知的成熟公民的机会。

正是基于这样的信念，我建议大家谨慎看待垄断问题。我甚至认为，我们有些高估了这个问题的风险，因为我们还习惯于用20世纪的思维做出反应，忽视了现在的这个游戏场，就像从家门出来还会害怕被马车撞一样。我怀疑很多人有点儿杞人忧天。要知道，在现在的游戏世界里，流动性几乎是一种图腾，人们崇尚栖息地的多元化，人们在不同现实之间穿越已成为常态，任何建造物如果没有运动属性，都不会得到青睐。在这样的世界里，人们担心的垄断在任何情况下都有可能发生，但它也许不会带来很大的危险。这个世界中有谷歌，谷歌的垄断并不危险。我尽量用最简单的方式解释一下。在一个有谷歌的世界里，谷歌的垄断并不那么危险。在一个有脸书的世界里，脸书无处不在也不太令人担忧。在每分钟有400个小时的视频被上传到优兔的世界里，优兔的垄断实际上是一件值得惊叹的事情，而不是一场悲剧。我的意思是，在这些网站中，人们分明有更多的选择和自由。这样的垄断还会让人害怕吗？

与它们——谷歌、脸书、优兔相比，我们再回想一下20世纪的纳粹时期，那才真的是悲剧啊。

但我要告诉大家的是：20世纪结束了。

现在的问题是：既然游戏世界的生态系统对垄断有一定的容忍度，甚至在某种程度上对垄断有着一定的需求，那么与此同时，它是否已经开发了一些防御功能，来防止系统退化成闭塞的、只由四五个玩家掌控的游戏场呢？

问得好。

关于这个问题的答案，我会写在本书的最后一章，我把那一章命名为"当代人文主义"，这是我两位学生的建议。

第二场抵抗战争

于是，还有一条无法避免的清晰线索呈现在大家面前：正是在游戏世界胜利的时候，第二场抵抗数字化起义的战争爆发了。如果大家还记得，第一场抵抗战争爆发于20世纪90年代，那场战争没有对数字化起义构成很大的威胁，最后只能悄无声息地结束。但从2015年起，又有一些反抗势力蠢蠢欲动，他们很可能是从英国脱欧和特朗普当选美国总统这些事件中嗅到了一丝可趁之机，让人们看到了游戏世界运行轨迹中出人意料的偏差。值得注意的是，第二场抵抗战争的参与者不仅有仍然固守20世纪观念的顽固分子，更多的是游戏世界的后代，甚至是数字时代新兴精英的一部分，是那些为数字化起义做过贡献的人。这些人之所以开始抵抗数字化起义，是因为他们看到了一种系统的退化。他们不是在反对游戏世界，而是在维护游戏世界最初的理念和核心价值观的基础上，发起了抗争。

这场抵抗战争非常引人入胜，为了更了解它，我花了一些时间进行研究，终于搞清楚是什么让这些人失望透顶，甚至暴跳如雷。我试着把这些相关的因素给大家总结成几点。

（1）作为一个重新分配权力的开放场所，游戏世界逐渐被极少数玩家控制，开始吞噬一切，这些玩家甚至会结成联盟。它们就是谷歌、脸书、亚马逊、微软、苹果这些巨头。

（2）这些玩家越富有就越有能力购买一切，这注定让它们成为名副其实的巨无霸，拥有无边无际的权力。最危险的是，它们正在购买所有创新项目，也就是说，它们在购买未来：它们正在疯狂地垄断专利。不仅如此，只有它们拥有巨大的财力来投资人工智能。

（3）它们的部分盈利来自对用户信息的不当利用，这似乎已经变成了一种系统化的隐私侵犯，就好像是用户享受它们提供的免费服务所要付出的代价。规则好像是这样的：这些玩家在提供免费服务的同时，已经将用户的信息作为商品在贩卖了。

（4）还有一部分盈利来自一种非常简单的机制：它们不交税。至少说，它们没有缴纳所有应缴的税款。

（5）在游戏世界中，理念、新闻和真相已经构成了一个纯粹的情报市场，而这个市场是由极少数的特定玩家垄断的，所以，它们利用这些情报来引导舆论和信仰并非难事。它们很可能已经这么做了。

（6）不管初衷是什么，游戏世界最终造成了适应者与不适应者、富人与穷人、强势群体与弱势群体之间的分裂。即便是在古典资本主义的黄金时期，财富的分配都没有这般不平衡、不公正、不可持续。

（7）即便不是免费的，数字世界也是在以非常低廉的价格分配资源，这造成了原创者、人才，甚至是一些职业的消失，记者、音乐人、作家的作品在游戏世界中传播，但赚钱的却不是这些创作者，而是发行者，前者的劳动由此被埋没。长此以往，再想找到原创者就会非常难了。

（8）在游戏世界大肆制造和完善能够解决问题的游戏时，人们也在反思这些游戏式的解决方案是否会产生一种麻醉效应，让最弱势的用户几乎察觉不到自己已经沦为这些游戏的奴隶。

看见了吧，这可不是闹着玩儿的。这些反对意见一针见血，它们的数量还不少。

我认为，还是要从考古学的角度来清醒地看待问题。关于这方面，我想谈三点。

第一点就是上述激起抵抗的因素在20世纪90年代是不可能出现的：它们都是游戏时代产生的结果，是数字化起义在近些年才产生的恶性症状，也就是说，它们不是20世纪旧文化的复辟，而是游戏文化的产物。

值得关注的第二点就是，这些抵抗者并不是要推翻游戏世界，他们只是认为游戏世界呈现了一种从未预见的畸形发展：就像革命后期，总有人会质疑革命背离了本来的理想。

第三点非常重要，但很让人讨厌：在所有反对观点中，非理性成分含量比较高，它们都建立在"很可能""也许""据说"这样的预设条件下。相信我，那些观点看上去确实让人信服，但如果客观地深究，我们就会发现它们并非那么简单明了。那些问题的提出似乎更多是建立在一种意气用事的情绪上。事实上，从某一刻开始，人们有了想要摆脱游戏世界束缚的想法，这种固执己见的想法有时甚至不是建立在某些事实上的，纯粹就是一种想法、一种情绪：大概是因为人们对未来的发展太过惊讶，以至于执拗地去恢复一种平衡，仿佛是想找到游戏系统中的裂缝，让它前进的步伐减慢，好停下来等等他们，不让他们掉队。我还觉得，他们似乎一定要在这个体系中找到一只替罪羊，这样才能打消疑虑，不用担心自己也是罪魁祸首。他们对那些巨头玩家的憎恨，似乎让他们完全忘记了当初是他们自愿在游戏世界中定居，并为游戏世界的建设做出贡献的。这些人习惯性地使用谷歌，却憎恨它；他们离不开 WhatsApp，却把扎克伯格当作恶魔；他们使用 iPhone，却觉得它会让人变得愚笨。

　　我常看的那份在线报纸几乎每天都在抨击那些巨头，但在我点开第三则新闻后，页面弹出了一则极为罕见的吸尘器广告。我 15 天之前在搜索引擎上搜索过这款吸尘器。明智的人认为，如果你支持新纳粹主义，优兔就会在右侧的专栏中为你推送更多新纳粹主义相关的内容，在他们看来，这是个灾难。那他们想让优兔推送什么内容呢？马丁·路德·金的演讲吗？如果优兔给我们推送一些白人至上的种族主义独白，我们就会觉得它是一个文明客观的平台了吗？网络是否只会给我们推送我们喜欢看的内容，让我们对愿意相信的更加确信，这是一件真正应该担心的事情吗？尤其是对那些在没有网络的时代习惯了教会、政党、扶轮社、电视新闻和 20 世纪 60 年代报纸的人来讲，真的那么可怕吗？希望大家能明白，我说这些并不是要否定上述反对意见，那些意见都是有根据的，也是可以理解的，我只是想让大家搞清楚一点：人们对那些意见的支持往往是盲目的、过分的、出于本能的、非理性的，因此是深刻的、直观的、强烈的。这是一个很重要的症状，揭示了游戏世界发达时期的人对数字工具近乎病态的依赖，但又急于否认游戏的一种矛盾情绪。这是一种受控的精神分裂。游戏世界是存在的，也在运转，但它的玩家已经开始憎恨它了。玩家在技术上与游戏世界保持一致，而在思想上却反对它。

为了让各种事情联系起来，我还需要补充一点，当这一切发生的时候，另一股力量开始撼动游戏世界的结构：这不是一场抵抗运动，而是另一种现象，它更像是一种叛变。

这场大规模叛变的组织者是那些在游戏世界中被边缘化、被击败、被欺骗、被剥削，以及不被认可的人，他们并不是游戏世界的精英，与那些因游戏世界背离初心而反抗的精英没有一丁点儿关系。这里涉及的是在游戏世界里掉队的人。不过，他们最终停下了脚步，没有执意将这场叛变进行下去，其中唯一让我印象深刻的就是特朗普以及他所代表的一切。大家想想，特朗普的行为体现了一种精神分裂：一方面，他摒弃了 20 世纪政客的形象，开始带着世界各国的领导人发推特，据说他可能得到了游戏世界中黑客们的帮助（不过他们大概是不请自来的）；另一方面，他开始增加贸易税，梦想着在美国与墨西哥边境筑起高墙。这到底唱的哪一出？不好理解，但很容易看到，这是近年来很多人都在做的。毕竟，当初那么多选民选他当美国总统。他在游戏世界中的行为方式是很多人行为方式的缩影。这些人可能就是叛变者。

他们驾驶着航船，但改变了航线，回到了过去。他们利用游戏，却是为了实现游戏世界本身所不具有的理想。他们将思想革命与技术革命一分为二，进入游戏场为所欲为，挑出自己需要的一切，然后把游戏场付之一炬。

这确实挺让人担忧的。

上述从考古学角度所做的分析让我们得出一个结论：在游戏世界胜利时期充斥激烈的冲突，游戏世界似乎陷入了抵抗者和反抗者的双重夹击之中，变成了一个即将崩塌的政权。

但事实真的如此吗？

这个问题很吸引我，因为它的答案是否定的，游戏世界并非一个即将崩塌的政权。

游戏世界正在颤抖，它经历了各种各样的冲突，产生了许多我们不知道如何处理的矛盾，但是，请大家想想：尽管如此，世界上究竟有没有一种意识、一种智慧或一种意愿想让游戏世界覆灭，让所有人离开游戏世界？

没有。

数字工具的种类在增加，使用数字工具的能力日趋多样化，风险监管力度在增强，减轻游戏副作用的技术也日益精细化。一个自取灭亡的文明根本不会这么做，只有下决心一直走下去、永不放弃的文明才会这么做。

那么游戏世界为什么还会"闹肚子"呢？为什么还制造了如此多的疼痛呢？它将人们的认知一分为二又是出于什么原因呢？

在我们绘制的地图上，这一块区域又该怎么命名呢？

　　就这样，数字化起义军继续上路了，他们逃离了 20 世纪的灾难，最终到达了一片应许之地。在这片土地上，游戏不再只是一种技术、一种假设和一种属于聪明人的把戏，它成了一种文明，成了所有人的家园。

　　在这个过程中，游戏世界进行了微小的修正，却产生了意义非凡的影响。人 + 键盘 + 屏幕模式进一步完善，三个元素之间最终实现了零距离，数字设备成了人体的有机假肢，成为人类自我的延伸。随着 App 的数量呈井喷式增长，将数据存储到云端的童话幻想也逐渐落实，如此一来，现实世界与超世界之间厚重的界限几乎消失了。如今，数字技术已经可以让人类在现实与虚拟之间穿梭自如，就像数字化革命萌芽之时所构想的那样，世界真的变成了一个由超世界与现实世界双引擎驱动的系统。而那些将现实生活与数字设备里的人造生活区分开的观念最终化解为一个普遍的共识，那就是建立一个唯一的、庞大的、开放的游戏场，所有人都可以进入。

　　在游戏世界，最有效的生产方式就是快速地运动，捕捉并理解事物的本质，并将其转化为具体的概念、想法、作品或商品。这是一种前所未有的行为方式——后体验。人们发现，获得后体验并不简单，因而不可避免地孕育了一个全新的精英阶层，他们与 20 世纪的旧精英没有任何关系，没有继承 20 世纪精英的能力，而是有自己的天赋：他们将后体验运用得出神入化，在后体验的王国中如鱼得水。

也许游戏世界在创建之初被设想成了一个没有精英的世界，却事与愿违：很快，一小拨儿精英团体形成了，他们比其他人更加适应游戏的玩法，于是开始设定固定的模式，积累财富，引领风尚和制定规则。从我们已知的信息来看，很难断定这种精英阶层到底能达到什么样的统治水平，但可以确定的是，他们的势力日益巩固，已经成为游戏世界的大地上一处显著的棱角了。这一现象表明了一种意料之外的、也许不受欢迎的效果，但显然，这肯定不是游戏世界故意追求的效果。

不过，这不是唯一的消极效果。通过对各种事件的分析，我们还可以发现一系列游戏世界没有预见的副作用。其中，最明显的一点就是要给所有人的写字台上放一台电脑的崇高愿望，这个愿望推动了整个社会的边缘区域涌向游戏世界的中心，打破了自古以来形成的财富和文化壁垒，将权利和尊严还给了大批人，这无疑是激动人心的成就。但与此同时，人们开始怀疑一种类似于游戏的世界框架是否经得起这种根本性的变化。比如，基于合理价格所进行的数字设备普及，导致了一种"增强人类"观念的传播，而这种观念实际上在社会结构中播下了一种新的自我意识，最终却滋生了一种纯粹的大众个人主义：顾名思义，这种现象暗示了一个不易被人掌控的悖论。它像一股冲击波，让游戏世界措手不及，不知如何应对。

与之相似的是，为满足日益增长的需求，游戏世界的计算能力愈发强大，这让"一切"成了一个司空见惯的量词，甚至在某种意义上变成了唯一值得购买和有利可图的商品。正如我们所见，由此产生了很多大规模的垄断或寡头企业，加剧了社会的不安。人们没有在 20 世纪那样一个沉重的年代见过此类企业，因此一夜之间就将其定义为一种关乎生死的危险，这是不恰当的。但是，这些垄断者在游戏世界光滑的跑道上翩翩起舞是否代表没有风险，有待事实检验。

最后，我们不得不得出一个颇令人惊讶的结论：在游戏世界胜利的时期，数字世界的大陆开始显露一些裂痕、断裂和坍塌。我们可以清楚地看到，从某个时刻开始，游戏世界受到了三股力量的冲击，而且从理论上说，这三股力量之间似乎毫无关系。他们就是仍然没有放弃抵抗的 20 世纪固有文化的卫道者、游戏世界的宗教激进主义者（他们坚持游戏世界追求自由的天职），以及那些被游戏世界淘汰了的掉队者和失败者，我们称其为叛变者。值得注意的是，这三股力量都是从游戏世界内部发起攻击的，他们都以数字工具武装自己，甚至对数字工具产生了依赖。他们似乎都没有想过要为数字时代前的文明复辟。可以说，在这三股力量中，至少有两股力量（20 世纪的卫道者和游戏世界的叛变者）要在夺走数字工具后抛弃数字世界。他们想利用数字化革命的技术成果，但同时要消除其所带来的思想和社会影响。这是一个正方形的圆，很可能是这些人内心的真实写照。

游戏世界很狡猾，它大概意识到了自己的裂痕，但确信这些细微的瑕疵是完全可以被自身不可阻挡的进步掩盖的。如今，人们很难记起创建游戏世界的初衷是摧毁一个破败不堪的过去。长久以来，游戏世界都把自己看作一个建立在自身理论之上的文明，而发展目标就在自身系统的内部。对很多人来讲，游戏世界并不是敌人，而是自己建成的、引以为豪的世界。尽管反对的声音比较大，但更有决定性的还是数百万人每天走出家门、建造自己的游戏小家园的决心。人们已经开始毫不掩饰地酝酿下一步了：人工智能肯定会在短短几年内将第二场抵抗战争演化为一场过时的暴动，届时人们争论的话题将会大相径庭，争夺的局面也会更加激烈。经验告诉我们，这一切的发生绝非偶然，而是多年前种下的因。无论人工智能时期会发生什么，都是人们多年前建造人工智能的结果，在那些年，人们接受了与机器设备共存，选择了人＋键盘＋屏幕的零距离模式，将世界数字化，开发了强大的计算能力；比起理论，人们更重视工具，让工程师成为带领人类通往解放之路的舵手，在超世界的海域里遨游；人们接受了增强人类的承诺，与 20 世纪的旧文明一刀两断；人们接受了开放游戏场的风险，选择了和平，忘记了无限的概念。这是人们多年前播下的种子，现在我们开始收获了，未来还会收获更多。当人们收获了一些从未预料到的果实时，他们没有过于怀念旧文明，也没有始终陷入畏惧的状态。

就是这样。在之前的章节里，我就开始搜集上述那些人的蛛丝马迹了，我希望可以重现他们的历程，测量他们与幸福和恐惧之间的距离。我想到了那些之前绘制的地图，现在我就在这里，翻阅它们、注视它们、抚摸它们。我重读这些地名，反复端详上面美丽的边界线。我数了数地图上还有多少处没有标注的空白地带，随后将地图进行了修正。不过，就像每一名制图师所面临的问题一样，即便我竭尽所能绘制了一张尽可能准确的地图，也不能做到完全精准，因为这显然不是数字世界的全部：你在绘制大陆的时候，不可能精细到每一朵花的颜色，也不可能表现出人们欣赏日落时的心情。每一张地图都是对现实的解读，但只是千万种解读中的一种。我所绘制的地图解读的实际上只有一件事，那就是人类的数字化转折。但要真的了解那些数字世界的人，我们可能还需要再了解一下其他方面的历史，比如这群人服用什么药物，做哪些运动，有哪些饮食方式，等等。甚至在我花大量时间研究万维网对我们生活的重要性时，我知道同样还需要研究盐酸氟西汀（抗抑郁症药）、慢食运动、圣若望·保禄二世的神学、《辛普森一家》动画片、美国犯罪电影《低俗小说》、伊拉斯谟留学项目、运动鞋的诞生、用人房间的消失、寿司的诞生、MTV（音乐电视）、迪拜、比特币、全球变暖和麦当娜的职业生涯等。甚至现代足球禁止守门员用手接回传球（1992 年立的规矩）也能说明人类的一些发展。显然，我应该研究这一切、绘制所有的地图，然后将这些地图叠加，得到全面的结果。这就是游戏世界的精英们所擅长的典型的后体验技巧。也许现在的中学生用每天下午玩《孤岛惊魂》的时间就能做到这一切。我对他们寄予厚望。

无论如何，我们已经绘制了一部分的地图。大家如果翻回本书的前两章，就会发现那些地图几乎像是史前的（别真的翻回去，那太糟糕了，相信我）。之后，我们已经走了很长的路，在经过无数试错之后，一条小道逐渐清晰可见，沿着它继续前行——柳

　　　　　　　　　　　　　游戏世界

暗花明，一种连贯性呈现在我们眼前，一条发展脉络浮出水面，我们看到一个新文明的框架从半明半暗中逐渐展露了身姿。地图绘制到这个地步已经非常了不起了吧。也许我高估了自己，但如果今天我儿子问我们要去哪里，我是可以回答的。如果他问我们从哪儿来，我也可以回答他。我们为什么要做这么多的事情？我还是可以回答他。大家还记得吧，在本书开头的部分，这些问题我还得问我儿子呢。

就这样，地图绘制完成了。

我可以到此为止了，你们也可以让我停下。但是，大家也能看到，后面还有一部分内容。大家其实可以不看后文，但我还是要写下来，那是我与自己的较真儿，是我对自己的挑战。一般来说，制图师绘制了一系列地图后，总会有一种拿着地图到处遨游的欲望。就我个人而言，我也想用这些地图去探索两个地带：一个地带有关真相，另一个地带有关艺术品。今天，关于这两个领域的许多无稽之谈让我非常烦恼。总之，我想用自己绘制的这些地图理清头绪。这个设想可能会让你们觉得我似乎有些自以为是，有些狂妄。没错，我确实有点儿。

于是，我完成了本书的最后一章，也就是以"当代人文主义"为标题的那一章。我应该已经说过，这个表达并不是我原创的，是我与霍尔登学校的人在交流中想出来的，当时我们讨论的是我们要教授什么，想教授什么，能教授什么。

在我们讨论得不可开交时，突然，其中的两位（显然比我年轻）想出了"当代人文主义"这个词。听到这个词时，我明白它的含义并不局限于我们在霍尔登学校的教学内容，而是一种与游戏世界关联的表达。这个词竟然可以准确地形容数字世界的战略中心区域，目前这个区域处于半荒芜状态。就在那一刻，我发现原来我所居住的地带应该叫这个名字。

所以，我决定用这个表达作为本书最后一章的标题。在最后一章里，我会谈一下我对游戏世界、数字化起义、乔布斯、扎克伯格，甚至 WhatsApp 选用的背景色等的看法。大家可能已经意识到了，我之前一直避免这样做，即做出评价。这不是因为我脑腆或懦弱，绝不是。我在研究一个事物的时候，不想过多地去思考我是否喜欢它，也不想对它的价值进行评价，因为这总会让我感到困惑。我对德彪西音乐喜爱与否，并不会对我研究德彪西的和声有实质性帮助。我要是想了解我的孩子，如果摒弃对他们的溺爱，就会让我的了解更加客观。这是一种方法论，它对我的研究也有帮助。我信赖这种方法。所以，在之前谈论万维网和脸书的时候，我会把我个人的好恶控制在最低程度。总之，对我来说，更重要的是去了解，而不是评价。还没到该做出评价的时候。

但是，研究完后，为什么就不能谈一谈我的看法呢？我很喜欢写我的想法。所以，大家如果有兴趣看最后的部分，就权当在看电影结束后的字幕吧，这一部分也确实有点儿片尾字幕的感觉。

哦，我还忘了一件事。五星运动已经与排外特征鲜明的民粹主义政党联盟党完成了组阁。我承诺过我要告诉你们的。好了，就写到这里吧。

第四部分

地图

游戏世界

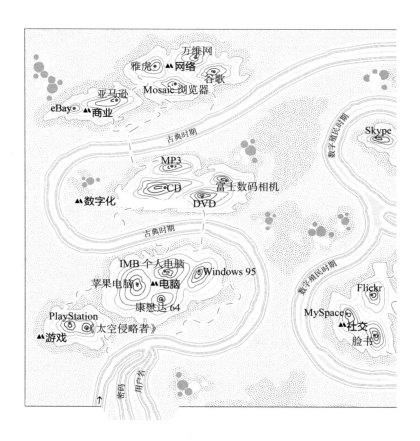

数字殖民时期

"9·11" 事件
🔲互联网泡沫
▲历史

▲上网 《迷失》
纳普斯特 维基百科
优兔
Kindle
数字殖民时期

iPhone
▲智能手机
黑莓手机
领英

推特

人工智能
阿尔法围棋
游戏世界

数字电视

Spotify
游戏世界
爱彼迎
优步

iCloud
苹果应用商店

色拉布
雷曼兄弟控股公司
Tinder
照片墙
WhatsApp
奥巴马
电报
五星运动

大众个人主义

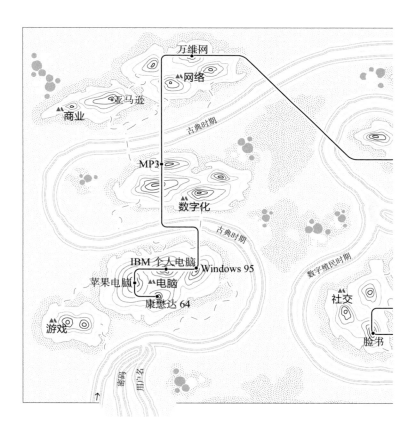

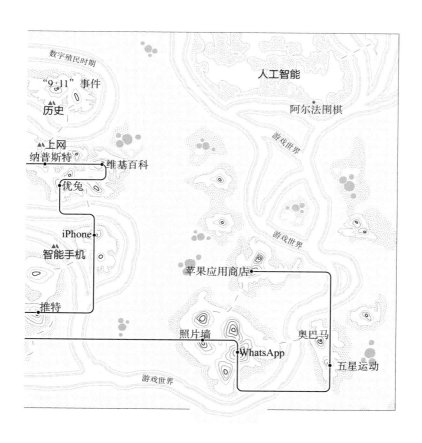

数字殖民时期

"9·11"事件

历史

上网
纳普斯特

维基百科

优兔

iPhone

智能手机

推特

照片墙

人工智能

阿尔法围棋

游戏世界

游戏世界

苹果应用商店

奥巴马

WhatsApp

五星运动

游戏世界

零距离

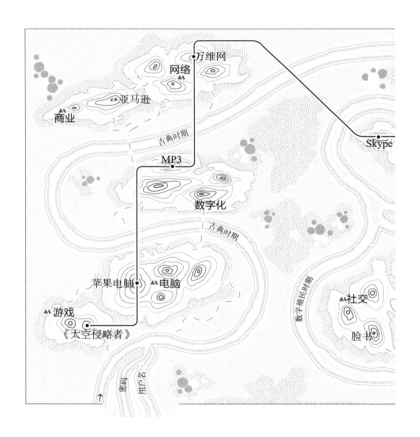

内容：万维网 网络 亚马逊 商业 古典时期 MP3 数字化 古典时期 苹果电脑 电脑 游戏 《太空侵略者》 社交 脸书 数字殖民时期 Skype 密码 用户名

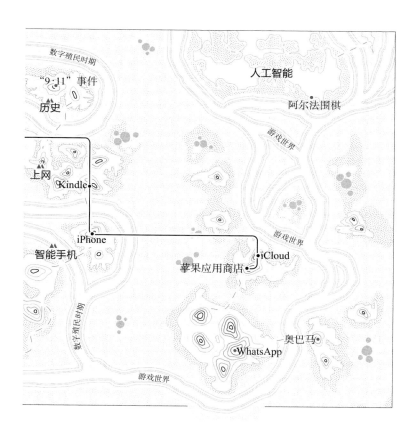

数字殖民时期

"9·11"事件

人工智能

历史

阿尔法围棋

游戏世界

上网

Kindle

iPhone

游戏世界

智能手机

iCloud

苹果应用商店

数字殖民时期

奥巴马

WhatsApp

游戏世界

精英的落幕

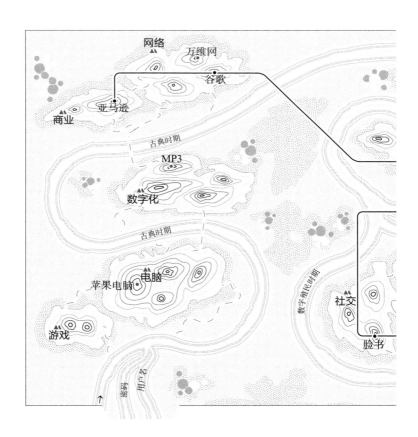

数字殖民时期

人工智能

"9·11"事件

历史

阿尔法围棋

游戏世界

上网

纳普斯特 —— 维基百科

iPhone

智能手机

苹果应用商店

游戏世界

爱彼迎
优步

奥巴马

WhatsApp

游戏世界

五星运动

去物质化

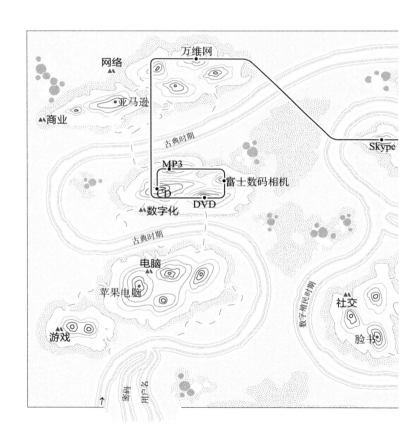

游戏世界

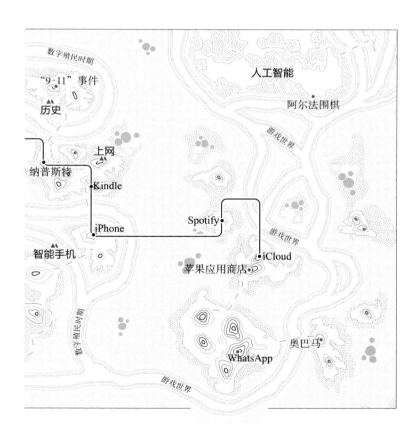

数字殖民时期

"9·11" 事件

历史

人工智能

阿尔法围棋

游戏世界

上网

纳普斯特

Kindle

iPhone

Spotify

游戏世界

智能手机

苹果应用商店

iCloud

数字殖民时期

奥巴马

WhatsApp

游戏世界

后体验

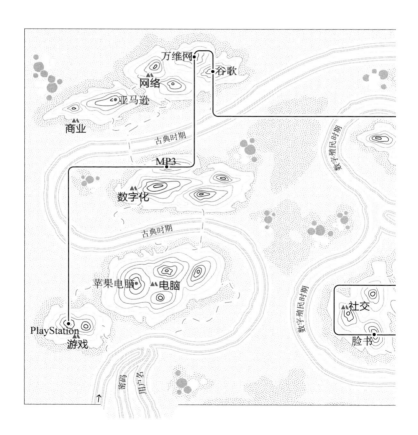

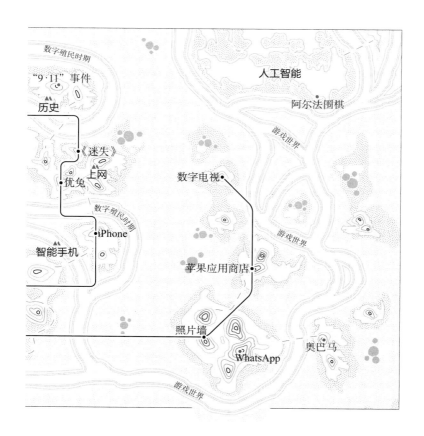

数字殖民时期

"9·11" 事件

历史

人工智能

阿尔法围棋

游戏世界

《迷失》

上网

数字电视

优兔

数字殖民时期

iPhone

游戏世界

智能手机

苹果应用商店

照片墙

奥巴马

WhatsApp

游戏世界

"一切"的重新发现

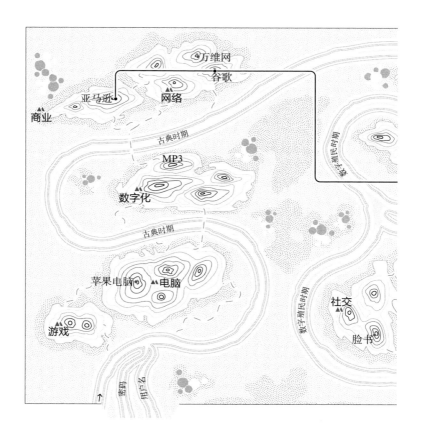

游戏世界

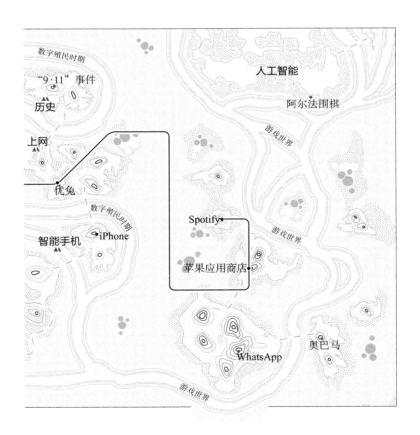

数字殖民时期

"9·11" 事件

历史

上网

优兔

数字殖民时期

智能手机

iPhone

人工智能

阿尔法围棋

游戏世界

Spotify

游戏世界

苹果应用商店

WhatsApp

游戏世界

奥巴马

第五部分

升级

彗星

最后的真相

其他的超世界

最后的艺术

当代人文主义

最后要做的

彗星
最后的真相

在游戏世界的开放游戏场里，很多事物似乎都无法被掌控了，真相就是其中之一。

天哪，真相。我们所说的真相，主要指事物能够确定的轮廓、可以被核实的某个版本或者一个可靠的定义。能掌握这种较低级别的真相就已经很不简单了。

然而，实际上的情况却并非如此。在游戏世界里，似乎有某些东西让事物的真相比过去更加扑朔迷离。一般来讲，要想抓住事物的真相，往往有必要将其置于一个静止的状态中，然而，当你选择了一个以流动性为首要目标的游戏场时，这种状态就很难构建了。当你让大量玩家进入同一个游戏世界时，这个世界的日常画面将由无数视角组成，那么人们对整个画面的准确理解就会大打折扣。而当你通过后体验的方式迅速进入游戏世界时，你很快就会发现，对你来说，真相就是由一系列画面组成的，而每一个画面本身既不是真实的，也不是虚假的。

我试着用最简单的话来解释一下：游戏世界太不稳定、太活跃、太开放了，以至于它不适合如真相一般静止的、缓慢的、非游牧式的、庄严的事物栖息。

也许举个例子大家会更好理解。我想到一个比较搞笑的例子，当然，它不会影响那些重要的事物。这是几年前发生在游戏时代的一件小事。

2014 年，一家法国杂志爆料时任法国总统奥朗德有一位年轻貌美的情妇，并配上了大量照片作为证据。当时奥朗德的女友是女记者瓦莱丽·特里耶韦莱，后者对这件事一直耿耿于怀。她毅然结束了与奥朗德的关系，然后开始写作。她写了一本书。可以说，这本书大概是报复奥朗德的一种方式吧，她以大量的细节和辛辣的笔风讲述了她与奥朗德以往的日常生活，没有给奥朗德留一点儿面子。该书的发行定在同年 9 月 4 日。几个月来，法国人民对这件事充满了好奇，可以想象，这本书的出版吊足了他们的胃口。该书的一些预热活动让人们感受到特里耶韦莱是如何挺过那段艰难时光的。她给那本书起了一个颇具讽刺意味的书名：感谢这一刻。当看到这个书名时，所有人都明白了：那肯定是一本没有什么内涵的垃圾书。

当 9 月 4 日终于到来的时候，法国洛里昂（位于布列塔尼大区）的一家知名独立书店在橱窗上贴上了一张纸条，上面写着："我们这里不卖瓦莱丽·特里耶韦莱那本书"。在这句话之后还画了一个笑脸。就是这张纸条在社交媒体上如同病毒一般大肆传播，一时间法国很多独立书店都在橱窗上贴了类似的提示条，例如"我们这里不卖瓦莱丽·特里耶韦莱那本书。作为补偿，我们这里卖巴尔扎克、莫泊桑、普鲁斯特的书……"，"我们是卖书的，我们这里有 1.1 万本书，我们不愿与那本有关特里耶韦莱与奥朗德的垃圾书同流合污"。

信不信由你，在短短几小时内，法国就掀起了一场轰轰烈烈的抵制特里耶韦莱那本书的舆论运动。当时的一句流行语是："不必感谢这一刻。"又过了几小时，法国境外人士也开始参与其中。可见，在这样的事情上，游戏世界的反应是何等迅猛。

要理解这个事件，首先要明白，在之前的很多年里，独立书店一直在与亚马逊等大型图书发行商和连锁图书零售商进行艰难的斗争，它们几乎被逼入绝境，一家接一家倒闭，成为游戏世界的牺牲品。它们的衰退似乎还伴随着一种书店理念的死亡，一种图书文化的消亡，甚至是一种文明的灭绝。这就足以解释为什么一场对烂俗花边新闻图书的抵制会掀起轩然大波。总的来说，独立书商被激怒了，我们也知道，往往一根小的导火索就能引爆一场革命。

当这一切发生的时候，布列塔尼当地的主流报刊（《法兰西西部报》）做了一家地方报纸应该做的：派一名记者去采访洛里昂的那位书商，也就是那场抵制运动的发起者。我想，当时的媒体若不想把他塑造成一位英雄，也一定想把他渲染成某种代表性人物吧。他叫达米扬·佩特洛维奇。记者问他当时是出于什么心理才在橱窗上贴那张提示条的，他的回答是："当时特里耶韦莱的那本书还没有进我们店，但一整个早上一直有人来问我们书店卖不卖那本书。一次次的回答让我有点儿厌烦了，所以我才把那张纸条贴在了橱窗上。"

可以想象，记者听到这番话之后会做出什么样的表情。最后，这位记者为了完成他所构思的故事，带着一种孤注一掷的情绪问佩特洛维奇：如果那本书进了他的店，他会不会卖。

佩特洛维奇不假思索地答道："当然卖了，为什么不卖呢？"

在这期间，甚至在这篇采访发布后的几天里，"不必感谢这一刻"运动持续升温，很多独立书商都借这一机会抒发了对自己身份的自豪感，也似乎有了更多坚持下去的力量。在很长的一段时间里，所有书商都觉得自己成了英雄，实际上，从很多方面来说，他们确实是英雄。不过，对大多数人来说，整个事件都源于一场误会，只是一个搞笑的细节罢了。

鉴于游戏世界可以存储一切记忆，我们现在知道这个搞笑的细节是何时发生的了：那条推特的图文发布于 9 月 4 日当天，图片上显示的就是那张著名的小纸条，文案只有 5 个法语单词：Un vrai libraire à Lorient（洛里昂真正的书商）。发这条推特的是一位再普通不过的路人。

这件逸事说明了一点：游戏世界就像一道滑坡，是非常光滑的空间，所有事件在这道滑坡上自由滑动，并不总是朝着可以预测的方向发展。完全没有必要让某些强大的玩家去改变真相，或是编造真相。事件可以自己通过细小的暗流或一些匿名的微小力量传播，一旦开始，我们就很难预测其传播的轨迹，也几乎不可能对这条轨迹进行修正。最终，人们会觉得游戏世界是由一种低密度的奇怪材料建造而成的，这种材料让真相的形成和流动变得简单而迅速。

　　过去，要建构一个真相，甚至只是改变真相的一部分，都是非常费劲的事情，有时甚至需要长达百年的核实：实际上，那是一种只有特殊玩家才能掌握的专属权力。但在游戏世界，正是由于它的低密度属性，任何人似乎都可以对真相进行各种摆布，建构一个真相就像小孩子的游戏一样简单。

　　正如大家所见，这种现象让我们陷入了困境。

　　一段时间以来，为了制造我们能够应对这种现象的假象，我们一直在使用一个令我们非常满意的范畴：后真相。可以说，我们现在生活在后真相时代。我给大家解释一下。我们已经确信，在游戏世界里，对意见的形成和决策的制定来说，一件事的真相似乎已经不那么具有决定性了。从表面上看，我们越过了事实本身，我们的行动建立在一些暂时性信念的基础上，而这些信念的对象即使不是明显的假新闻，也是毫无依据的。这些信念的影响力在于它们呈现得非常简单和基础，就像笛卡儿所说的"明晰而清晰的观念"一样简洁。很多时候，这些信念的力量还被一种无懈可击的狡猾包装着。据说，对精英、专家和过去建构真相的人，它们会更加大行其道。人们对真相越来越不重视，这让那些真相专家丢了饭碗。现在这种情形很可能是一场很久之前就发动的反抗运动的尾声。

那么现在需要提出的问题是：这是一种有效的理论吗？我的意思是，后真相理论对我们了解事物本质是否有帮助呢？

我们研究了这么久的游戏世界，对这个问题，我们可以打包票地回答：这个理论过于基本，无法解释眼下这种现象的本质。游戏世界可没有那么简单，也没有那么幼稚。在游戏世界里，既没有只尊重事实的智者，也没有只会用肠子思考的笨蛋。有人认为，数字化革命让一部分人走向无知和愚昧的非理性主义，这种非理性主义让人非常容易被操控。但这个观点并不适用于解释我们所谈论的真相、事实和我们对它们的阐述之间的问题。与之相比，似乎用斧子切寿司更容易。要给大家解释清楚这个问题，我得退一步，给大家讲两个众所周知的故事。

2003 年 2 月 5 日（也就是在游戏世界的数字殖民时期），时任美国国务卿科林·鲍威尔向联合国出示了可以证明萨达姆在伊拉克拥有并开发大规模杀伤性武器的证据。他还用一小瓶"炭疽杆菌"进行了一出精心策划的戏剧表演——非常有说服力。一个半月后，美国人带着那些给萨达姆定罪的证据入侵了伊拉克。这场战争对中东的地缘政治产生了无法估量的影响，说得再明白一点儿：这场战争让很多人付出了生命的代价。可惜的是，直到今天，我们才得到了确切的真相：鲍威尔的证据是假的，甚至可以说假得离谱。在联合国发表激情演讲仅仅两年后，鲍威尔本人就亲口承认，那次演讲是他政治生涯中的一个污点。他坚称那次演讲是出于善意，同时指控美国中情局故意制造虚假证据，而后者却不以为耻，反而把鲍威尔的指控当作对自己工作的称赞。

大家要是觉得鲍威尔的这个故事太沉重了，那我再给大家讲一个稍微轻松的故事吧。有一位职业自行车运动员叫兰斯·阿姆斯特朗，他在1999—2005年曾7次夺得环法自行车赛桂冠，这是一个前无古人的骄人战绩。此前，阿姆斯特朗患有癌症，他在战胜病魔之后重返赛场，成为史上最伟大的自行车运动员。对很多人来说，这是一个童话般的励志故事，带给无数人力量和信念，让人们努力生活，无论生活对我们是否慷慨。需要补充的一点是，阿姆斯特朗本人也通过自身的努力成为抗癌斗士的代表。更广泛地说，他就是一个代表全人类战胜病魔和恐惧的英雄。然而，今天大家都知道了，原来阿姆斯特朗的7座奖杯都是靠服用兴奋剂得来的。他不仅仅是服用兴奋剂，而且是带着决心疯狂地服用兴奋剂。当然，那些年里，他一直昧着良心否认一切有关他服用禁药的指控，面不改色心不跳地继续自己的英雄生涯。直到有一天铁证如山，他才在美国著名主持人奥普拉·温弗瑞的电视谈话节目中承认了一切。

值得我们注意的是，这两个骇人听闻的故事并没有让人们联想到后真相。当时，已经有人创造这个表达方式了，但显然，大多数人都不认为这个概念能帮助我们更好地理解事物的本质。

　　在那些年里，后真相这个概念闲置着，人们不知道如何使用它。我们当时把鲍威尔和阿姆斯特朗的不实陈述称作谎言，它们似乎与几个世纪以来人类所撒的谎言没有任何区别。可以说，后真相这个概念在集体语言的某个角落藏匿了相当长的时间。在经过了多年的沉睡后，后真相这个概念经过两个引人注目的事件重新浮出水面，并开始了爆炸性传播，这两个事件就是英国脱欧与特朗普当选美国总统。在这两个事件中，主流舆论被精英阶层主导，精英阶层认为通过常规引导公众舆论就可以避免这两个事件的发生。然而，出人意料的是，他们竟然很难将舆论引导到他们认为正确的轨道上。他们无法相信人们会以那样的方式去投票，并坚信自己的选择是正确的，以至于在这两个事件发生后，他们立刻宣布一个新世界到来了，这个世界已经不相信事实了，传说成了世界的主导。奇怪的是，他们甚至没有转过头来思考一下为什么会发展到这个地步：比如，有些人就是因为之前的生活过得太糟糕才选择支持英国脱欧的，他们认为将自己国家的命运交给欧盟这样一个遥不可及又无法理解的集体是一种非理性的选择。可事实是，大多数人都没有关注这些因素，他们认为将一切归咎于一个文明的灭亡反而更容易自圆其说："现在，我们已经进入后真相时代了……"

　　我用两句话总结一下：当我们相信鲍威尔和阿姆斯特朗的谎

言时，一切还算在情理之中；当有人开始说奥巴马生在肯尼亚而非美国时，我们就进入一个蔑视事实的非理性时代了。

再直接点儿，也就是说，当谎言被别人戳穿，而不是被精英阶层戳穿时，我们就将这些谎言称作后真相。这样的谎言在过去的年代还有个名字：异端邪说。

我们大可不必把话说得这么直白，我可以用一种更为温和的表述：显然，后真相理论是陷入恐慌的知识精英提出的理论，因为他们意识到，自己已经无法掌控日常真相的产生了。在某种程度上，这种反应也展现了一种清醒的智慧，记录了人们对真相的渴求与对事实的认知之间产生的脱节。但随后，他们将这种脱节归咎于游戏世界，认为它是游戏世界的一种非理性的衍生品，然后放弃深究。这依然是一种 20 世纪处理真相的态度，是静态的。它忽视了游戏世界的流动性和先进性，这种观点根本无法在这个世界立足，以至于在很短的时间里，游戏世界就可以创造一种专属于自己的真相模式，一种适合游戏世界规则的真相模式。它在真相的设计层面上进行了干预。也就是说，游戏世界修改了真相的设计。它没有击溃真相，也没有改变真相的功能，更没有移动真相的位置（真相一直处于世界中心），而是给了真相另一种设计方式。大家不要从美学的角度去理解"设计"这个词，要从广义上理解。游戏世界修改了真相的内部设计、逻辑设计和功能设计。可以说，游戏世界设计真相，就像乔布斯设计智能手机一样。

要说服大家，我得谈一个事物。我以前一直以为这个事物已经消失了，实则不然。

有启示意义的奇怪案例：黑胶唱片的营业额

黑胶唱片是用乙烯基制成的，多年来（从二战到20世纪70年代），它都是最常见的室内听歌载体。黑胶唱片有两种规格：33转和45转（每分钟）。20世纪70年代，一个革命性的小物件出现了，它让黑胶唱片失去了往日的风采，这个小物件就是音乐卡带，也叫音乐磁带。这个小物件的出现可不是闹着玩儿的。与黑胶唱片相比，它更便宜，人们可以把它放在口袋里，还可以用它录制喜欢的歌曲，就像今天用Spotify和iTunes创建播放列表一样。（我有个提议：不妨在学校里找两个学生做一个实验，一个学生用磁带录歌，另一个学生用Spotify创建播放列表，看看谁能收录更多的歌曲。等到分出胜负的时候，看谁还会对数字化革命挑三拣四。）回到正题。在20世纪80年代末，CD横空出世，取悦了所有人，它的特点包括：数字化、精确、便捷、美观。但CD有个缺点：太贵了。在人们犹豫要不要购买的时候，更好的东西已经诞生了——MP3。音乐以数字形式被存储为压缩文件格式：与CD相比，这种方式更为虚拟、多变和无形。音乐的重量达到了最轻，传播速度达到了最快。此物只应天上有！MP3格式的音乐不占现实空间，可以以最短的时间传输到各种电子设备里，由此成为我们听歌的新方式。但它也是有缺陷的：与模拟方式存储的音乐相比，MP3格式的音质较差，但没人在乎。毕竟，人类已经进入一个可以为了效率牺牲一小部分质量和诗意的世界了。可以说，我们都是这个高压锅世界的子民。

刚才说到乙烯基。显然，当 MP3 出现的时候，乙烯基黑胶唱片注定要被淘汰。它们就这样停产了，只剩下极少数手工作坊，匠人们就像手工制鞋匠那样还在勉强支撑。不管怎么说，这个领域的手工艺者一直存在。但实际上，黑胶唱片这个产业已经走向末路了。

突然，就在某一刻，出现了这么一则新闻：2016 年，黑胶唱片的营业额超过了数字音乐产品。

哇。

真有这么一条消息，对吧？各大报纸都报道了。你们中的很多人可能也有印象吧？这条消息一度成为很多人在咖啡馆里和饭桌上谈论的话题。

要知道，我这样的人，看到这条消息后，就会立刻拔掉电话线，把儿女托付给邻居照顾，从冰箱里拿出几听冰啤酒，然后稳稳当当坐下来，要好好研究一下这究竟是怎么回事了。这条消息之于我，就像电视剧更新之于各位一样（坦率地说，我不知道咱们之间到底谁更无可救药）。

于是，我像拆开一件礼物的包装一样，小心翼翼地把这则新闻摆在面前。我要深入研究它背后的故事。

其实，黑胶唱片的营业额只在一周（圣诞节那一周）内，只在英国，只在 2016 年，才超过了数字音乐产品的下载。一年前，美国发生过类似的事情：黑胶唱片的营业额超过了只靠广告盈利的免费歌曲（比如优兔和 Spotify 上的免费歌曲）的下载服务，不过与 2016 年英国的情况相比，并不值得一提。当我们再算上付费下载音乐的营业额（付费下载的费用很少，但毕竟不是免费）时，情况就大不相同了：2015 年，黑胶唱片的营业额只是数字音乐产品的 1/10。现在我们再来看看 2016 年美国的情况吧：那一年，黑胶唱片的市场份额只有 6%，数字音乐产品的市场份额超过了 60%。这样来看，黑胶唱片距离超越数字音乐产品还差十万八千里呢。

目前为止，我们只是在谈论钱。在 Spotify 上听整张专辑的费用微不足道，而一张黑胶唱片的售价大概是 15 欧元。在这个基础上，如果我们再把黑胶唱片实际存在于人们生活中的时间考虑在内，它超越数字音乐产品的可能性将进一步减小。英国广播公司友情提供了一些有趣的统计数据（这些人每天从床上爬起来就在研究金钱的流转，愿他们安息）：在购买黑胶唱片的人群中，有一半人并不会听。就算买完一个月，他们还是没有听（甚至 7% 的人压根儿没有唱片机）。这种现象至今依然如此，真实而令人吃惊。

近 10 年内，全球黑胶唱片的销量都在逐年递增，2018 年，全球黑胶唱片销量将超过 4 000 万张。考虑到黑胶唱片比较贵、比较重、装卸需要时间、易脏、容易损坏、占地方，每隔 30 分钟就得重新翻转一下，这个销量可真是不得了。当然，这 4 000 万张的销量值得好好研究：实际上，1991 年黑胶唱片的销量恰恰也是 4 000 万张，也就是在那一年，人们觉得黑胶唱片产业完了，从那一年开始还在做黑胶唱片的人都是疯子。在黑胶唱片黄金销售期（比如 1981 年，保罗·罗西带领意大利队夺得世界杯的前一年），黑胶唱片的全球销量达到了 10 亿张。

4 000 万，10 亿。

哇。

现在咱们回到最开始说的那则新闻上。"2016 年，黑胶唱片的营业额超过了数字音乐产品。"现在看到它，请大家不要嗤之以鼻，高高在上地将它看作一条虚假新闻，然后盖上后真相这块遮羞布。

幸运的是，事情并非这么简单。这则新闻实际上应该叫"快真相"，它是一台非常精准和广泛的传媒机器，具有无与伦比的传播效率。它是游戏世界的杰作。我现在可以讲一讲它是如何被创造的吗？

天才的快真相机器

快真相是真相的一种。为了上升到世界的表面，也就是为了抓住大多数人的眼球，让大多数人都看懂，它会以一种空气动力学的方式重新对自身进行设计，在设计的过程中会遗失一些精确性，但会呈现更加具有概括性的形态，让它的传播速度更快。可以说，在上升的过程中，它不断丢失精确性，直到判断自己获得了足够的概括性和速度，以抵达世界表面：一旦呈现充分的概括性与速度，它就会停下来，绝不会浪费超过必要的一丁点儿精确性。从某种意义上说，这就像是一只为了生存不断竞争的动物：每天早晨，有很多真相睁开眼睛，它们只有一个目标，那就是活下去，即被人们认知。在这个过程中，能活下来的并非最准确的消息，而是传播最迅速的消息，只有这样的消息才会最先到达世界的表面。

以黑胶唱片事件为例。2016 年，黑胶唱片的营业额超过了数字音乐产品。我们把这条消息看作一个经过长途旅行后停下脚步的最终产物，并试着追溯这段旅程的起点，就会发现一个出人意料的事实：近年来，全球已经卖出了几千万张黑胶唱片。这个事实让人感到好奇，并且颇具教育意义。

这个真相在早晨醒来后就开始向世界表面奔跑。有一段时间，它找不到通向那里的捷径，所以没有人注意到它（黑胶唱片的销量已经连续 10 年左右递增了，但人们从来没有提起这件事）。突然，它找到了一个突破口：在短短的一周内，英国出现了黑胶唱片营业额超过数字音乐产品下载量的情况。于是，这只小动物立刻扑进了这条通道。这个突破口反映了一种对决，即黑胶唱片 vs 数字音乐产品，模拟 vs 数字化，旧世界 vs 新世界，这就给真相安上了加速器。决斗总会吸引眼球，简化事物，让人一目了然。阿喀琉斯和赫克托耳的决斗如今依然被传为佳话。所以，这条消息得到了完美传播。

但这还不够。一周内，在英国，黑胶唱片战胜了免费下载的数字音乐产品，这个真相有多大的存活概率呢？很渺茫。要想让它印在人们的脑子里，这场决斗不仅要有两个正确的主角（两位英雄），还需要一个正确的决斗地点（在主街上），让所有人都能看到。所以，我们有必要进行一些新的设计——保留吸睛的部分，将一些精确性扔进大海。于是，我们去掉了"一周内"这个状语，如果还嫌不够，那就干脆把"在英国"这个状语也去掉吧。我们似乎还需要把免费下载的数字音乐产品这个词模糊处理一下，就让它变成"数字音乐产品"吧！现在再看这则新闻，是不是能赚足人们的眼球？干得漂亮！

2016 年，黑胶唱片的营业额超过了数字音乐产品。

哇。新闻付印，任务完成。

要问这则新闻是真是假，似乎不是一件傻事，但肯定不是一件急事，也不是一件很有必要的事，因为无论如何，这条消息确实包含了一个真相，正是得益于自身的不准确，它的一些非常重要的部分才浮出了世界的表面：它记录了一次不寻常的反向运动，打破了我们向未来笔直前进的趋势，就像过去的一部分突然毫无征兆地复苏了。这并非毫无疑义的现象，记录下来肯定会丰富我们对这个世界的理解。这样一来，这则新闻的准确性有那么重要吗？我不好给出确切的答案，但在寻找答案的过程中，我开始意识到，那条（不准确的）消息不仅揭示了一个值得注意的真相，还释放了其他更微小的真相，如果没有这条消息作为载体，这些微小的真相是不会引起我注意的。我发现，销量逐年增加的不仅有黑胶唱片，还有钢笔、打字机，更有重要的纸质书（我觉得，再过一阵儿，复写纸和拖鞋的销量可能也会重回巅峰）。这个快真相包含了这些真相，它们实际上早就发生了，但我们没有注意到。实际上，它们被这个快真相拉回世界的表面，从而被我们注意到。我意识到一种真相正在聚集，如同一片星云，将这些现象归纳为一个更加笼统的形象，更便于识别。我将其称作"对过时但富有诗意的技术的销售"。它的出现使越来越多的人对钢笔、打字机这些旧技术在市场中所拥有的特殊价值产生了好奇（人们很可能早已忘记还有这一部分市场），并产生购买的念头，这必然会重新引起制造商的兴趣，他们会提高产量，增加供应，刺激需求，无论是钱、工作还是事实。那些不完全真实的东西在未来也有机会变得真实。不精确的消息也能产生这么大的意义，制造这么多真相，真是令人刮目相看。但事实如此。

如果有人很想摇头，搞不明白我们现在讲到哪儿了，或者更有甚者想把这种从不实之词中产生真相的反常归咎于新文明，那么我必须提醒你：快真相并非数字时代的产物，甚至不是现代化的产物，而是一种非常古老的技巧，并且很久以前就被人类运用得游刃有余了。我举个例子：《伊利亚特》中的英雄阿喀琉斯。传说，他是一个半人半神的角色：父亲是人，母亲是神。

这就是一个快真相。

现在，我们无从得知公元前 8 世纪的古希腊人是否真的相信阿喀琉斯是人与神的儿子，但可以合理地猜测，古希腊人不太纠结于这个问题，因为半神半人这个不准确的表达对他们来讲象征着绝对的力量、暴力、疯狂和坚不可摧，这些属性是他们在人类范畴内无法解释的神秘属性。

有人可能会说，那都是传奇、神话、诗歌。但这么说并不准确，对古希腊人来讲，那就是一种信息的形式，《荷马史诗》就是一种媒介，《伊利亚特》就是一部汇集了古希腊人全部智慧的百科全书。

这就是古希腊人传递真相的方式。无论如何，当神话和传说最终被历史永久取代时，半人半神的程式早就比比皆是了：自亚历山大大帝以来，每一个想主宰世界的人，不是以神的儿子，就是以神的后代示人的。恺撒大帝既不是科幻电影中的人物，也不是诗歌中描述的传奇，但古罗马人都知道，他是维纳斯女神的后代，没人会质疑这一点。那些古人都是白痴吗？不是，他们只是用快真相来解读世界罢了。

因此，几千年来，人类一直掌握着快真相的技巧。但如果大家非要问：为什么快真相看上去与我们这个时代有那么多联系，就像是我们这个时代的产物呢？那么，你们如果已经读完了我这本书，自然就会知道答案了：实际上，游戏世界就是适合这种真相生存的栖息地，所以，在沉睡了多年之后，这种真相又开始流行。快真相一直存在，只不过被迫在一些高密度系统中缓慢流动，由极少数消息制定者所掌控。而到了游戏世界，快真相突然找到了完美的游戏场：低密度的、无尽的玩家，流动阻力降到最低，反应飞速，有无数传播途径。简直就是一片乐土。在这片乐土上，快真相占据了中心位置，充分发挥着它的力量、潜力和特质。如果说在整个 20 世纪，真相都建立在稳定和精确的基础上，人们将快真相看作真相的一种危险形式，那么在游戏世界里，快真相完成了逆袭，突然卷土重来，以略显疯狂的速度开始流动，一刻都不停息，捕捉和生产越来越多的世界。

在游戏世界里，快真相的设计旨在捕捉和生产世界。我们需要好好理解一下它的这种力量。让我们将注意力移回黑胶唱片的故事。

　　我们刚才说到有关黑胶唱片的消息是一个不准确的真相（黑胶唱片比数字音乐产品卖得好），但它表达了一个准确的真相（人们开始重新关注那些过时但富有诗意的技术）。好了，大家不要觉得快真相到这里就结束使命了，因为还没有结束。快真相确实经历了长途跋涉，但它的脚步并没有停止。精彩的还在后头呢。在浮出表面之后，快真相开始下降，这个下降的过程就是人们对它的解读过程。这是一个异常精彩的时刻，可以说在这个过程中，快真相是以一种自由落体似的状态高速流动的。在这种状态下，我们至少有两种方式去解读这个真相：

　　（1）人类开始反对技术，正在回到过去；

　　（2）人类在技术领域已经取得了如此可喜的进展，以至于可以奢侈地将一些古董级别的技术重新拿出来把玩，因为这些旧技术已经不是敌人了。这就像在家里养了一条被驯服的蟒蛇，它已经无害了。

　　于是，我们的快真相经过了长途跋涉，最终分成了两部分，进入了两个完全相反的领域。第一个领域是有关陶瓷、登山和瑜伽的期刊，第二个领域则是《连线》杂志。在这两个信息生态系统中，快真相依靠游戏世界的低密度介质继续流动，与到达该介质的其他快真相产生共振，一起生成一个可甄别的事实网络。一方面，它将使开办一家只生产传统奶酪的奶酪厂变得有意义；另一方面，它将培养出那种经营老式乳品店，但只接受信用卡付款的企业家。

现在，从这一切的起点——2016 年那个无辜的伦敦圣诞周开始，我们沿着快真相之旅一直到达运用了高科技的旧式奶制品厂，这个时候，你们应该能深刻认识到这个世界能够创作、适应和确定多少这种真相了吧。然后，你们就会开始尊重快真相，研究快真相。你们立刻就可以看到它的独特设计：它所经历的是一次旅程，而不是一个定点；它是一个随着时间推移而不断展开的图形，而不是一个稳定的符号；它是一个序列，每一环都非常脆弱，但兼顾了整体的设计。在这种类型的设计中，我们会发现周围无数事物的特征，甚至包括我们的日常生活的特征。而后体验本身也有这样的设计。我们上网的行为也有这种设计。这种设计就是游戏世界的一小块招牌。

于是，你们会更加充满好奇心、十分尊重地弯下腰，仔细欣赏快真相这台精密的小机器。你们一定会注意到，这种真相最初是以一种不精确的形式呈现的，但令人吃惊的是它可以把这种不精确的劣势转化为一种战略优势——牺牲精确性后，它变得轻快、灵活、高效，甚至可以说是美丽的。它在流动、传播，它一直存在。同样，你们会觉得这种模式颇具风险，令人畏惧。这很正常。但与此同时，你们也能意识到，这就是所有数字工具所遵循的原则，比如 MP3 牺牲了部分音质后变得更好传播。这就是数字化转型之路——少一些精确性，换来巨大的灵活性。这就是表面性取代深度的故事。这就是游戏世界的形态。

就这样，一步一步地，大家就会承认：我们眼前的这台小机器是多么精密，它极为适合我们现在的生活方式，也与游戏世界的生态系统完美契合。当然，它有一定的危险性。它的大部分特性有待人们去了解，却值得人们认真地研究一番。等到人们将它研究透的时候，"一切都变得一团糟""事实不再重要""我们现在生活在后真相时代了"等观点都会显得有些莽撞。在我看来，研究快真相的过程本身就是一个典型的快真相：一开始，我们不能准确地理解它，于是它以一种近乎粗暴的简化形式开始在游戏世界里快速传播，经过各种暗礁后上浮到表面，最终人们赋予它一个清晰的称谓，使它成为一个正确的思维模式。干得漂亮。致敬。你如果还没有被说服，那么就建立一个更加快速的快真相吧。

现在想想，我就是这么做的。

小结：如何叙事

如果一个快真相能比其他快真相更快更好地浮出表面，那么它就在竞争中获胜了。正如我们之前所看到的，快真相与事实的吻合度对竞争结果没有太大的影响，决定性因素是它的空气动力学设计。所以，如果真的要搞清我们现在所处的世界是什么样子的，我们就要好好研究一下：是什么让这种空气动力学设计的真相在游戏世界里如此高速地传播？这个话题十分有趣。

我不觉得自己对这个问题研究得有多透彻，所以我不该好为人师。不过，我对其中的一个方面还是理解得比较清楚的，因为我曾花很长时间去研究它，对它有一个很清晰的概念，也知道如何把它讲清楚。所以，我要说，无论有多少特质让一个真相胜过另一个，总有一种特质最为突出，那就是叙事能力。

看吧，这又是一个被游戏世界重新唤醒的特质。叙事也是一种存在了几千年的行为，但在如今这个时代，我们发现似乎到处都在叙事。为什么呢？因为游戏世界给了这种行为一个完美的游戏场。

要搞清这个问题，我们首先要搞清"叙事"这个术语的意思。一般来说，人们对叙事都有成见，觉得这只会浪费时间。人们认为现实是存在的，但如何去讲述则是次要的。

错。

在我看来，叙事并不是对现实的一种包装和美化，而是现实的一部分。想让我打个比方吗？好的。我们把现实解剖一下，剔除其中的绝对事实部分，剩下的就是叙事部分了。

有时叙事呈现了一种绝对的叙述形态，但很多时候并非如此。大家看看现在自己的穿着——嗯，这就是一种叙事，尽管它没有以一个故事的形式呈现。它的形式更像是一件衣服。之所以说它是叙事，是因为它将你的存在赋予了一种空气动力学形态，让你进入流动之中，与地球上的其他地方产生联系，以一种可读的形式出现在现实世界之中。你就是自己所穿的衣服吗？不是。但你与自己的衣服完全没有联系吗？也不是。衣服是你的一部分，是你在现实存在的一部分。

差不多明白了吧？

叙事就是真相的一部分，而不一定非得讲述一个故事。

好了。让我们回到快真相。大家还记得当法国洛里昂那位书商将那张纸条贴在橱窗上时，快真相是如何以疯狂的速度使这个平平无奇的事件引起轩然大波的吧？通过叙事，即在推特上以一张照片和一句话所进行的叙事——"洛里昂真正的书商"。任何真相在不经过叙事处理时都是沉默的、静止的。只有当某些东西赋予它故事的属性并使其成为现实时，它才会传播。在这个具体的例子中，叙事部分尤其精彩，它是如此有效，以至于能够将一件事从源头剥离，成为一个新的现实，甚至远远超出了这件事本来的意图。有时，叙事就像是引爆一颗炸弹，而游戏世界的低密度介质就是催化剂（要是放在 20 世纪，洛里昂的书商也许根本就不会注意到它的存在）。

黑胶唱片事件呢？大家还记得它是什么时候浮出表面，成为众人瞩目的焦点的吗？就是当它与正确的叙事完美结合的时候，即当媒体大肆渲染黑胶唱片与数字音乐产品的决斗、过去与未来的决斗的时候。这就像将一根点着的火柴扔进汽油桶一样。

这给了我们什么启示呢？那就是快真相的传播肯定受上千种因素影响，比如其他真相的竞争力，或是传播介质日益变化的阻力。但是，对快真相的空气动力学特性来说，叙事能力才是最基本的决定因素。我敢说，叙事就是我们给任何设计起的名字，它赋予了真相所需要的空气动力学特性，使其开始流动。

现在大家明白为什么到处都是叙事了吧。只要有事物流动，就有叙事。一贯如此。在"静止就等于死亡"的游戏世界里，我们会格外感受到它的存在。在游戏中，如果叙事消失了，那么一切都无法存活。

如果你坚持"叙事就是用很长的话来粉饰现实"这种无用的

想法，那么那则新闻听起来只会令人沮丧。但如果大家摒弃成见，将叙事看作现实的组成部分，那么那则新闻就有它的吸引力。它告诉我们，世界上有一种能力能够识别并描绘现实中不那么明显的隐藏部分，这一部分往往是非物质的，几乎总是难以捉摸的。但这种能力可以捕捉到这一部分的空气动力学因素，捕捉到它穿越空气、对抗流动、抵御冲击、极速前进的方式。在游戏时代，这种能力是一种救命的能力。

它会拯救我们喜欢的事实和想法，同时需要指出的是，它还会拯救我们不愿意看到的事物。就其本身而言，这种设计不算好也不算坏，它是一种高效的设计，有时很有魅力，这就是它的特点。我们可以注意到，在游戏世界中，善于利用这种能力的人往往会有优势。在某种程度上，那些善于叙事的人将这种能力运用得炉火纯青，以至于从外部来看，似乎只能看到对这种能力的运用，而看不到可信的事实或有道理的想法。这就是一种视错觉。没有叙事的事实是不存在的，反之亦然，没有事实的叙事也是不存在的。如果各位觉得，在游戏世界里，有人能够完全依托叙事而不依靠任何事实或有深度的想法获胜，那么请放下本书吧。相信我，书里说的事情更加微妙。

可以确定的是，在低密度的游戏世界中，真相的活力要比它本身的准确性更加重要。简单来讲，一个不准确但设计得便于在游戏世界传播的真相，要比一个准确但传播速度慢的真相更有价值。这一说法听上去似乎有些可怕，但如果运用得当，我相信，我们就会开发出一个天才般充满魅力的游戏场。所以，如果我要捍卫某些理念和事实，我就应该具备一种赋予它们空气动力学设计的能力，我需要为之努力，直到它们可以唤起多数人的共鸣；我需要继续更好地理解它们，直到让它们有能力在游戏世界中流动。另外，如果已经有人将极其复杂的事物精简成美观便捷的外形，例如 iPhone 的屏幕、谷歌的算法、万维网的结构，那么我们又有什么理由置身事外呢？难道真相那么尖锐、复杂、巧妙、精密，以至于无法呈现空气动力学特性吗？即便是笛卡儿，在写一本能够改变人类思维进程的书（《方法论》）时，也是用法文写的（当时的学者通常用拉丁文），而且篇幅很短，以年轻时遭遇的不幸为开篇。这无非在追求一种空气动力学特性。要知道，那时还不是游戏时代呢，那可是 17 世纪啊！我们难道比笛卡儿高明得多吗？笛卡儿能接受的规律，我们反而不愿意遵循？

曾经我也有非常短暂而徒劳的从政生涯，当时我偶然目睹了这一幕。那时，有一个问题亟待解决，有很多解决方案可以选择，我们需要从中选出一种。当时的那位政客问道：哪一种解决方案是最好叙述的呢？看清楚哦，他问的是哪一种最好叙述，并没有问哪一种最有效果。

他想知道的是：哪一种解决方案更具空气动力学特性，更适合叙述，更有能力在游戏世界中流动。当然，你可以从这句话中看到一位意大利政客的愤世嫉俗：国家兴亡跟我有什么关系，我只在乎哪种方案可以给我带来更多的选票。但大家如果耐心品味，还是可以从中感受到一种超出常人的非常敏锐的洞察力的，它还颇具预见性：一旦我找到了很多令我满意的解决方案，它们或多或少符合我个人的价值观，那么我必须冷静地甄别，选出对大众来说最简单易懂、最容易消化、最有可能成为谈资的那个方案，而不是表面上看或许最有效的方案。如果我无法让那个解决方案在游戏世界中流动，那我不如一开始就放弃它。我会牺牲一些准确性来保证流动性。就像下象棋，如果能保证兵力推进到棋盘中央，我宁愿让对方吃掉我的一个马，因为再正确的方案，如果不能让大众明白含义，就注定是一个失败的方案。更糟糕的是，在很多情况下，坚持选择最正确的方案反而会适得其反，因为你的对手往往会选择那些最具空气动力学特性的方案。

这就是今天全世界左翼政党的一个弊端。即便他们有解决问题的方案，也不会将这些方案进行空气动力学设计，所以它们永远死气沉沉，无法推介。在欧盟、难民、安全和社会公正等问题上，左翼政党采取的方案没有一个是符合空气动力学设计的。真是白忙活一场啊。反观那些处于民调榜前列的民粹主义政党，就很擅长这种空气动力学设计。

我不想评价民粹主义政党的解决方案优劣，但我可以确定的是，他们将自己的举措赋予了一种有效的设计，使其可以在游戏世界快速传播，让人们对这些举措喜闻乐见。这并不只是发一条推特或是编出好听口号的问题，因为我们知道空气动力学理念很早就有了。比如，我们看到已经有政党放弃了 20 世纪政党的外壳，选择了一种更加轻盈、更加适合游戏世界的结构形式。我们要明白，除非遇到一个能够将复杂的政治立场以一种强硬甚至有些极端的方式集于一身的领袖，否则，政治的复杂性就必须消失。通常来说，我们把这种思维，或者说这种设计，叫作民粹主义，但这么说容易混淆视听。实际上，这种思维很早就诞生了，比如 iPhone 的主屏幕，谷歌的首页，等等，它就是要将复杂性藏于表面之下，表面上所留的就是可以点击的简单图标。这个简单的图标就相当于我们刚刚所说的领袖。从这个角度来说，奥巴马也不能免俗，这种思维在他的身上体现得淋漓尽致。其他人，包括特朗普，都只学了个皮毛。与之相比，左翼阵营就缺乏这种设计，缺少有才华的绝对领袖。在左翼的这种缺乏空气动力学的环境下，即便出现有才华的领袖，也会被吞噬。这让他们在政治建设方面乏善可陈，之后再去寻找善于叙事的舆论导向专家亡羊补牢，是一件成本很高的事情。他们应该在最开始就将自己的政治理念进行空气动力学设计，否则，以后也就不会有机会了。

我刚才说到哪儿了？（我特别讨厌政治的一点，就是它总是让你在重要的事情上分心。）对，笛卡儿都明白没有流动性的真相是无用的真相，而我们——天天用数字设备的我们却不明白？不太可能吧。

事实上，在日常生活中，我们一直在努力追求快真相，已经成为叙事大师。我们没有拒绝游戏世界的低密度介质，反而开始利用它。其实，我们都知道这是一个危险的系统，在这个系统中，人们完全可以以一种几乎无中生有的方式，或基于幻想，去制造有效的快真相。但与此同时，我们也在学习如何控制这种现象，努力为这种风险发明解药与疫苗。事实上，所有人都意识到了，我们选择了一个非常不稳定的系统，要想在其中生活，我们就必须与这些脆弱的真相共生，它们总是处在不断变化的过程中，注定在光滑的表面上行进。我们总是需要忍受这种不稳定性，但同时我们又以某种方式或是某种本能时刻谨记一点：过于坚定的真相和静止的事实也造成过灾难，而我们正是从那场灾难中逃离的。所以，我们没有放弃这个系统。那些准备不够的或者过于讲究的人也许有时会放弃，但游戏世界的核心部分是不会停下脚步的，它每天都在众多彗星的光辉中运行，而这些彗星就是真相。游戏世界知道如何运行，并且能够做好。未来，它依然会像迁徙过程中的鸟儿一样，带着笃定的坚持，飞向新的家园。

其他的超世界

最后的艺术

我在前文写过,从某一时刻起,我就开始研究社交媒体了,为此,我花时间和两位从事社交媒体工作的年轻人进行了一番交流。正是在与他们交流的过程中,我明白了一点:人们每日在社交媒体上忙碌,其实并不全是对数字技术的不健康依赖。那两位年轻人用他们生动的解释让我相信:那种忙碌往往是一种创造现实和处理现实的方法,通过这种方法,人们可以汲取一些现实吝啬给予的东西,并将这部分内容与他人分享,进而在某种意义上产生一种戏剧化的效果。所以,我们不要急于将人们大规模涌向脸书和推特的现象解释为一种集体愚昧的表现,正相反,这种潮流很可能隐藏着一种重要的本能:运用数字技术,提高生活中的创造力,让生活不止步于现实,而是延伸到我们期望的地方。

也许我之前并没有意识到这一点，或者至少没有人给我做过类似的讲解。这就像是给我打开了一扇小门。当那两位年轻人接着给我讲解 GIF 格式这个创造的高明之处时，我假装在听他们讲解，实则已经跨进了那扇小门，急于探索门里的世界了。

跨过这扇小门后，我提出了一个让很多人看来背信弃义的问题：既然社交媒体是这样的，那我有什么理由讨厌它呢？我的意思是，如果社交媒体给我们提供了一个创造现实、追求后体验、体验生活意义的方法，我为什么不用它呢？想到这里，我有了一个更糟糕的想法：我要让别人经营我的社交账号。我不欺骗任何人，也不假装做自己，这是一件透明的事情：我雇别人经营我的社交账号（我不是第一个这么想的），把我带入超世界。我知道这很荒唐，但为什么不试一试呢？当那两位年轻人还在兢兢业业地解释的时候，我问了自己这个问题：为什么不呢？

因为我这个人势利眼，赶时髦。行，这可以是一个理由。

因为我生在 1958 年。行，这也可以。

因为我比较重视个人隐私。行，还可以。

但是，这些理由只占所有理由的 20%，相信我。在两位年轻人给我解读"表情包"的那一刻，我发现真正的理由并不是上述的，这让我思绪翻涌，于是我想马上写下我对它的理解。

两位年轻人当时还在场，我不能起身扔下人家就走，我倒是想成为那样风风火火的人，但我不是那样的人。于是，那天晚上，我没能开始写我所理解的东西。我一直在酝酿，等待一个更好的时机。

没错，现在就是把它们记下来的最佳时刻。

我不上社交网站，因为我的职业是写书、编排节目、教书、演讲，还拍过一部电影，创作过几个剧本。我生命的大部分时间都在创造现实，并将现实传送到其他精致的超世界中，在那些超世界中，我已经不是我自己了，而是变成了碎片，重新组合成了新的事物，在大众对话的洪流中漂泊。

这么多年来，我一直是在一个由双引擎驱动的现实系统中生活的，只不过与数字模式相比，我运用了一种更为老旧、缓慢和机械的模式。所以，我不会在脸书上发照片，不会费力地在照片墙上讲故事，也没有在推特上特别急切地表达自我的需求，因为多年来我每一天都在不知羞耻地面向众人讲述和表达自己，只不过用的是在数字化革命之前就已经存在的古老工具，所涉及的领域也是早就存在的：小说、散文、剧本、论文、课堂。我把它们看作一种特权、一种幸运，不过，我们现在讨论的并不是我走了多大的狗屎运，而是要搞清楚一点：数字化超世界实际上是一系列超世界发展而来的终极版，这些超世界今天仍然有很多居民。这一点我之前就知道了，但真正明白这一点，是在我陷入对社交媒体的思考时：任何数字化超世界，从脸书到《使命召唤》游戏，都与我们几个世纪以来在写书、编故事、画画、雕刻和作曲方面所用到的方式有某种联系。我们在做这些事的时候，到底在追求什么呢？我们追求的是复制现有的世界，并将其翻译成我们的语言，来创造一个新世界。我们追求的是找到一种方法将自己对生活的感悟放在一种网络中，这是一种还未出现"网络"这一名词时的上网行为。这种行为让我们将现实放到了一个由真实世界和超世界双引擎驱动的流动性系统中。很多时候，我们甚至认为，真相中最隐秘的部分就存在于我们创造的超世界里。"真正的生活，最终得以揭露和见天日的生活，从而是唯一真正经历的生活，这也就是文学。"马塞尔·普鲁斯特说。但这只是众多例子中的一个。几个世纪以来，我们一直笃信美丽与真实、艺术与人生意义之间那种神秘的距离。这是我们最珍贵的幻想之一。

我来总结一下：在对我个人微观经历的分析中，我发现我对社交媒体的敏感是很有研究意义的，我发现我所从事的领域多年来一直都是与超世界有关的，只不过在很长的一段时间里，人类将这些超世界叫作艺术。那么，艺术超世界与数字化超世界之间一定也存在着某种逻辑上的延续。可以说，它们很可能源自相同的思维模式和战略动机：用我们自己创造的语言在现有世界的基础上创造另一个世界。那么现在我们要搞清楚的是，那些传统的超世界是如何过渡到数字化超世界的？这是一个非常有意思的话题，因为在这个过程中，会涉及游戏世界的某些有争议的问题。

我们试着分析一下。

就像我们研究《太空侵略者》一样，搞清这个问题要好好研究早期的"游戏"。我们要回到过去取得巨大成就的三个领域：戏剧、绘画和小说。它们都是人类用自己的语言所创造的超世界，这些表现形式让世界变得更加有代入感，更好理解，更便于沟通，更有利用价值，甚至可以说更加真实。这些形式不叫数字化，也不叫模拟，而叫艺术。

戏剧、绘画、小说。试想一下，如果这三种艺术同时消失，连使用它们的文明也一起消失了，就像咖啡馆里再也见不到的弹珠游戏。我们试着从远处、从游戏世界的角度看待它们。

从技术的角度来说，它们拥有一些千禧一代能够理解的共同设计：

○ 屏幕就是舞台、画框、书页（形式缺乏统一性？但这样真的实用吗？）

○ 不存在键盘（真是令人难以置信。也就是说，我只能待在原地看，什么都做不了？）

○ 艺术内容的创造者一般是在生活中从事此类工作并具有一种特殊技能的人：他们都像神职人员一样。要进入他们的超世界，往往需要一些宗教实践的特征，就像宗教所需要的庙宇、仪式、礼拜、圣典、殉道者、圣人、释经者。

○ 艺术的开放性有限，而且需要一个个展开，不能同时进行：去剧场就只能看一场戏；打开一本书，就只能看这一部小说。可以说，这些超世界的运转是很缓慢的，每次只能获取一种体验，而且不同体验之间通常相隔很长时间。另外，不同艺术之间表现出很大的空间差异。比如，在当时的意大利，戏剧是在广场上看的，画作是在室内看的（家里或者美术馆里），书是拿在手里翻的。（这些人到底有多少闲工夫？他们没别的事可做了吗？）

○ 这些领域是为少数人准备的，甚至可以说是极少数的人。

即便在 20 世纪末，进入这些领域通常也需要一定的财力、时间和教育背景。因此，这些领域经常被用作某些精英人士身份的象征，一种确认自己属于特定社交圈的方式。（好吧，恭喜你们……）

○ 要进入这些领域，通常需要付出一些辛劳，或者要经过一定的练习，甚至在某些情况下需要专门学习。并非所有超世界都如此，但在其经历最后一个文明（以浪漫主义为代表的文明和随后的 20 世纪文明）时，倒金字塔思维占据主导地位。当时的人们认为一切事物的精髓都深藏在表面之下，要获取事物的本质必须进行深入的研究。艺术领域自然没能幸免。（也就是说，我要享受艺术，还必须先深入研究一番？有没有搞错？）

○ 以上。

总结：这些领域是只为少数特权人士准备的、非常昂贵的超世界，它们运转得非常缓慢，打开方式非常机械，难以触及，要进入这些领域，只能依靠部分专门人才。它们和人之间几乎没有任何互动性，彼此几乎没有任何交流。千禧一代很可能用这么一句话来概括：显然行不通。或者是这么一句话：这些人肯定面临电池续航的问题。

实际上，千禧一代广泛运用的超世界会更人性化：想什么时候进入就什么时候进入，进入的方式很简单，几乎没有任何成本，只要通过一种随身携带的工具就能进入超世界；通过敲键盘或触屏，他们就可以创造和修改这个世界，几乎所有人之间都可以相互交流，既不需要某些专业的中介，也不用考虑空间上的距离（当然，不能没有程序员，但这些人只会在暗处编程，不会打扰用户）。要知道，如果人类带着一种游戏世界的逻辑和思维生活，那么这些特性才是一个可以良性运转的超世界该有的。千禧一代肯定会问：生活在旧的超世界里的人到底是怎么活下来的？

我们也来探讨一下这个问题吧。我们需要搞清楚的是，当"游戏世界"的文化蔓延到这些旧的超世界的领域时，传统的艺术领域到底经历了什么变化？它们是否被淹没了，是否经受住了考验，是否只有其中最强大的那些适应了新的环境，或者是否有什么"消防员"的干预拯救了它们呢？

这个问题很难回答，不过我们可以通过一些蛛丝马迹试着理解一下。

（1）在这个过程中，形成了一些临界地带，或者说是一些"双语"地带。在这些地带中，旧的超世界与新的超世界可以共存：电子书、网飞的流媒体电影、在 Spotify 上举办的线上音乐会、线上直播的话剧、在虚拟空间线上参观的博物馆等，都是所谓的临界地带。虽然这种融合不可避免地会造成内容质量上的损失，但同时也会让人获得很多其他东西。在维也纳金色大厅里听一场音乐会当然与线上听的体验不一样，但对大多数人来说，这就是在"一无所获"和"做一件还不错的事情"之间的选择。这并不是一个艰难的选择。

因此，临界地带出现了。从战略的角度来说，这些临界地带对旧的超世界似乎是一种风险：正是在这些地带，旧文明降低了对游戏世界的防备，从而导致了游戏世界对其大规模入侵。最为明显的例子就是电子书可以取代纸质书。但实际上，我们明白，这些临界地带就像缓冲区，可以让各种情绪平复。金色大厅的音乐会依然在举办，依然一票难求，音乐会的质量一点儿也没有打折扣，相反，人们很可能在数字时代找到了更多的刺激、工具和动力来做得更好。与之类似的是，人们依然写着精彩的小说，米兰斯卡拉歌剧院里的歌剧演员依然奉献着精彩的演出，在博物馆里看 15 世纪的圣母像依然要排队，电影院也没有消失。

（2）正是得益于这些"双语"临界地带，游戏世界的很多原住民开始进入他们之前从未涉足的那些超世界。理论上，这就是国家多年来所追求的一个成果，即打破藩篱，让那些高雅的超世界不再被某种文化和金融精英阶层独享，让老百姓也可以享受到。但国家层面的推广成效有限，至少在意大利是这样的。与政府推动相比，游戏世界则显得更有效率：它不仅为人们打开了所有的数字大门，还打开了剧院、博物馆和书店的大门。许多新面孔开始出现在从未出现过的地方。需要指出的是，这些新面孔进入这些地方时，往往不需要征得同意，也不需要听命于谁，他们就这样直接走了进去，会集越来越多的人，按照自己的品位感受艺术。由于这些新面孔大多数来自其他文化阶层，甚至没有什么文化，这些旧的超世界的精致架构便会发生一系列的化学反应，有时甚至会出现某些中毒症状：有些场所开始让人无法承受（比如室内音乐会），但有些则迅速发明一些抗体，让自己完成转型升级，从而适应游戏世界（比如动画电影的出现）。最后，我也无法做出较准确的论断，但可以确认的一点是：之前那些被精心维护的自然保护区重新迎来了大批欣赏风景的游客。终于，所有精致的美景都成了一种普遍的遗产。当然，一些问题不可避免地会出现，比如到处乱扔的垃圾增加了。

（3）与此同时，一些旧的超世界也开始产生一些适合在游戏世界中生存的组织形式，其中，从电影向电视剧过渡就是最明显的例子。这是一个划时代的转型：电视剧实际上就是一种数字化的电影，它非常符合游戏世界的特征。首先，看剧不用走出家门，想什么时候看就什么时候看，想怎么看就怎么看，用来看剧的设备也可以用来干很多其他事情（但在电影院只能干一件事）。从思维的角度来说，电视剧是一种运动（这是游戏世界的典型特征），电影则只是一种行为（典型的 20 世纪思维）。电视剧是没有结尾的，它的重心只在开头，不在结尾，这也是后体验的特点。另外，电视剧的结构就像是一款电子游戏。总之，它的一切都很完美，完美到让人不禁对电影的命运产生了担忧：青出于蓝而胜于蓝，这不是第一次了。

（4）从表面上看，旧的超世界不适应游戏世界的另一个特点是，它过分依赖艺术家这类近乎神职人员的中介，也就是所谓的创造者、作者、天才等。据我们所知，游戏世界对这样的中介的容忍度极低，它将权力变成了无数的雨点，重新分配给全人类，并培育出大量的个人主义者，让所有人都有了成为艺术家的权力。你们注意到什么小问题了吗？我们以写作为例吧，毕竟这是一个我比较熟悉的领域。有一段时间让我至今记忆犹新，那时博客开始兴起，自出版的模式蒸蒸日上，电子书几乎唾手可得，社交媒体和网络培育了大批与作家只有一线之隔的人，他们几乎可以被定义为作家，精英阶层的权威性面临危机，新出现的群体淡化了书店、评论家和出版社的魅力。

那时的人也许会环顾四周，感叹道：一切都坍塌了。然而，事实是：作家们依然在。当然，我们的竞争变得更激烈了，但书籍的世界依然是一个承认个体卓越能力的世界，依然会培养、支持和热爱某些独特的人。与以前相比，这个世界车水马龙，人声鼎沸，更加生机勃勃，但同时垃圾遍地不可避免，混入了许多烂文章和平庸之辈。很多时候，这个世界简直一团乱。但是，真正的作家依然在这里，他们生活在特定的街区里（而且不是最差的街区），依然可以自由写书，写好书还是烂书，完全取决于他们自己。音乐圈、电影圈、戏剧圈也是同样的情况吗？可能需要专业人士来回答，不过，我个人觉得情况差不多。所以，我可以得出这样的总结：不知为何，但艺术家并没有被淘汰，尽管他们正在变成更加排外和傲慢的精英，但说到底，人们还是普遍把他们看作一个有益的群体。尽管会有各种人在社交媒体上辱骂他们，但总的来说，游戏世界还是需要他们的。

（5）超世界变得越来越多样化，人们现在就要做出选择了：到底选择哪个超世界呢？我想再谈一谈我的职业：很久以前，作为一名作家，我可能会觉得我的竞争对手是另一位作家，后来我的竞争对手变成了电影，再后来变成了电视剧。现在，我甚至不知道我和我的超世界有多少竞争对手了，竞争对手简直无处不在，甚至连扎克伯格都可能是我的竞争对手。（其实在这方面，我比扎克伯格幸运一些，毕竟打开一本书要比打开数字设备看他推销自己的新产品要快。那些戏剧世界的人就更惨了。毕竟要想看一场戏剧，大家还得开车去剧院，到了剧院还得找停车位呢！）竞争的加剧势必会推动你以一种过火的方式吸引受众，比如大声叫卖、廉价抛售。这样一来，就会形成一个音量调得太高的社会。这是游戏世界中让人不悦的一点，它让人觉得这是一个充斥着聋子、傻瓜或者吸毒者的世界。尽管我相信，事实并非如此。

好了。可能还会有其他现象，但这些是我们目前看到的已经发生在旧的超世界与游戏世界间的反应。这些现象勾勒出一个清晰、连贯、可以解读的场景了吗？未必。我们只是窥探了一些动态的现象，但要理解这个问题的本质，还需要进行更长期的研究。就我个人而言，我只能确认两点，我对这两点毫不怀疑。

（1）旧的超世界展现了一种超乎想象的顽强抵抗力。尽管从理论上讲，它们完全不适应游戏世界，但它们依然成了游戏世界的常住民，而且没有被边缘化。可以说，它们为之艰苦斗争，大量的集体资源都被它们用来加强自身的防御工事。但说到底，如果游戏世界没有足够的理由去收养它们，而是选择毁灭它们，那么它们所做的一切都是徒劳的。

我认为，最主要的原因就是，这些旧的超世界保留了游戏世界居民对之前文明的记忆，就像宗教仪式将故土的记忆深深烙印在流亡人民的心中一样。虽然游戏世界已经成为一座稳定的城邦，但这座城邦毕竟是由之前那个文明的流亡者建立的。这些旧的超世界实际上承上启下，连接了昨日的梦想与今日的现实，连接了昨日的勇气与今日的繁荣，连接了昨日的知识与今日的智慧，连接了昨日的国家与今日的国家。在某种程度上，它们为一个没有过去的文明赋予了过去。尽管游戏世界已经战胜了旧文明，但很多人依然认为将生活寄托在机器上是一种原罪，从这个角度来看，这种承上启下的作用就显得更加可贵了。对游戏文明来说，如果能够证明自己就是完全的人类后代，那将是一件无法拒绝的事。很多家谱能够流传至今，就是因为它们可以证明后代的血统，而旧的超世界就可以发挥家谱的功能。只要手上能拿着书，我们这个文明就没有迷失方向，不管书里的内容是什么，重要的是书本身。书不是网站链接。书页翻得很慢，也不会发出什么声音。看书是一个线性的行为，从右向左翻页，从上向下看。看书不会给我们任何游戏积分，从开头看到结尾，就是这么简单。只要我们还会使用书籍，那么我们就还是正常人。正是因为这一点，游戏世界才会将书本放到孩子们的手中。也就是说，游戏世界会等孩子们把 PlayStation 放到一边，再把书放到孩子们手中。

（2）活下来的旧的超世界活得还算不错，但这并不意味着掌控它们的精英现在也活得那么好。作家们得以幸存，是因为他们就像野生动物一样，随时准备去适应新的生态系统，但他们之前所在的那个系统却不能像他们一样去适应游戏世界，如此一来，整个系统无可奈何地滑入了黄昏。这让我们很快想到了艺术评论界（如文学评论家、音乐评论家、戏剧评论家、电影评论家等所有艺术评论家），但实际上，这种没落在文化产业的领导阶层或守护自身知识和记忆的学术权威人士身上也很明显。这些人曾在 20 世纪占据世界的中心位置，但在游戏世界中，他们并不是核心人物。这就不得不再次提到游戏世界对精英阶层发动的整体战争了。不过，我并不觉得一切仅仅如此。我认为，当旧的超世界进入游戏世界时，它们的子民是拒绝进入的。如此一来，今天被我们称作艺术的这些珍贵之物，大部分都在游戏世界中以一种没有真正被保护的形式存在着。那些经过几个世纪沉淀的知识和智慧总是以一种固定的、静止的方式待在系统的边缘，没有被翻译成当下人们使用的语言，无法融入人们的基本生活。它们的流动性太差了，甚至无法进入游戏世界的雷达扫描范围内。此外，一种致命的自豪感甚至会阻碍它们在游戏世界中发挥自身的功能，这种特性让它们逐渐被世人遗忘。再过一阵儿，也许我们就会忘记它们的存在了。因此，艺术品还在生存，但关于艺术品的描述和评论却往往是沉默的。我们也想探索一下父辈留给我们的美好的艺术世界，但那个世界越来越难以解读，就像一张无法识别的导航图。一种独特的保护理念将过去的成就锁了起来，以防它们被吞噬。荒唐的规则禁止牧师创造奇迹，而一些迂腐的信徒则执迷于不再产生神秘感的礼拜仪式。在他们的四周，游戏世界带着新生的超世界等待着，这些超世界才华横溢，但仍然是孩子。游戏世界可以利用那些古老的智慧，但很可惜，获取这些智慧的程序并没有用它的语言书写。

我们要为这种高雅的愚蠢付出多大的代价呢？

当代人文主义
最后要做的

我在这里记下有关游戏世界的 25 条理论。

1

数字化起义几乎是出于本能发动的，是一场深刻的思想革命，是对 20 世纪的冲击的反应。它的本意是要逃离那个断壁残垣的文明，进入计算机科学提供的逃生通道。当时的计算机科学还在萌芽阶段，其主要目的是巩固当时的系统。但是，一些人突然发现，通过改变数字技术的发展方向，这种技术实际上可以成为一种解放全人类的工具。持这种想法的是 20 世纪 70 年代居住在美国加州的一拨人：他们的力量非常有限，主要由计算机程序员、嬉皮士、政治活动家和天才般的电脑发烧友组成。他们有一个共同特点：受够了当时的世界，疯狂地想要逃离。正是他们系统地、嘲弄性地开发了数字技术的潜力，将其转向了自由斗争的方向。他们最初的举措组成了一场比赛，在极短的时间内，世界各地与计算机科学相关的智慧都开始参与其中。当第一批资本快速涌入时，真正的起义开始了。甚至在他们自己都不知情的情况下，20世纪开始消亡。

2

数字化起义没有什么意识形态，没有什么理论基础，也从不讲究美学。它是科技智慧的产物，所以是各种实用解决方案的集合。它是一种工具。它虽然没有明确的意识形态，但有更好的东西，那就是方法。斯图尔特·布兰德以最精辟的话概括了这种方法："许多人试图改变人类的本性，但那完全是在浪费时间。你无法改变人类的本性，但是你可以改变工具，可以改变技术。通过这种方法，你就可以改变文明。"这一方法以其坚定不移的严谨性和巨大的成功，在50多年的时间里，变成了游戏世界唯一的、真正的意识形态原则，几乎算是游戏世界中唯一的信仰。

3

搞不清楚游戏世界的总目标，就没法理解游戏世界。这个总目标也是它的初心：避免重蹈20世纪的覆辙。

4

数字化起义军清醒地察觉到20世纪文化的立足点，于是开始埋下地雷，逐一摧毁。现在，我们可以非常准确地回溯他们采取的每一个步骤，欣赏他们对旧文化实施的如同手术般的精准打击。最先打击的目标有两个：僵化和精英阶层的主导地位。数字化起义军忠于自己的科技手段，所以没有掀起一场理论战或权力战，他们的武器就是制造数字工具。当他们为某一个问题的解决构建了一定数量的方案时，他们并没有选择最正确的那个，也没有选择最优雅或者最简单的那个，而是选择了流动性最强的那个，那就是剔除精英最有效的方案。带着这种思维，数字化起义军开始积攒越来越多的流动性方案，并逐渐取得成效。

5

起义军进行的第二步充满了雄心壮志：打破权力壁垒，将权力分配给大众。让每个人的写字台上都有一台电脑，建立一个由万维网组成的超世界，在这个世界里，任何人都可以免费游览、创造、分享、赢利和表达自我。最终，他们甚至让全人类编纂了一部汇集全世界智慧的百科全书。

6

起义军没有去攻击权力的大厦，对学校和教会也丝毫不感兴趣。他们开始在 20 世纪的巨大堡垒下修建暗道，知道这些堡垒迟早会坍塌。

7

此时此刻，这些堡垒正在坍塌。

8

他们做到了，而且是以一种属于他们的招牌模式做到的：人＋键盘＋屏幕模式。这不仅是一种物理模式，还是一种思维模式。它意味着人类与机器之间达成了一种协议，人类开始信任机器，愿意用机器探索世界。这种模式还预示着一个未来：这些机器将成为人类自我的延伸，类似于有机的生物假肢。只有在科技智慧与嬉皮士玩世不恭的性格结合的情况下，他们才能毫不畏惧、头也不回地推进这场起义。只要有一位诗人，起义就会搁浅。

9

到 20 世纪 90 年代末，布局完成了，有人按下了"开始游戏"的按钮。

10

在之后的 10 年里，游戏世界诞生了。如果非要选择一个游戏世界建成的标志性时刻，那就是史蒂夫·乔布斯于 2007 年 1 月 9 日在旧金山举办的 iPhone 发布会。在那场发布会上，他没有阐述什么理论，只是展示了一件工具，但那件工具反映了数字化起义长久以来的基因特征，这些特征通过那部手机被展现得淋漓尽致。那已经不仅仅是一部手机了，通过它，人们可以看到一种属于电子游戏的逻辑结构（这也是数字化起义的初衷），它让人＋键盘＋屏幕之间的距离缩至最小，20世纪的深度概念已经开始消亡，表面性成了人类的共同追求。正是在这个时期，人类初尝后体验的滋味。乔布斯走下讲台的那一刻，20世纪文明复辟的可能性已然归零。

11

也许有人还在想念20世纪文明，我不想造成歧义。当我们谈到20世纪时，我们可以想到很多事物，其中有一点非常重要：那是人类史上比较残酷的一个世纪，甚至可以说是最残酷的世纪之一。这个世纪的可怕之处难以言表，它并不是一个文明的空白时期，也没有某种突出的野蛮行为：这个时期的文明是由一个精致、成熟且富有的文明统治的。但是，处在这个文明中的国家或帝国，明明拥有各种物质和文化资源，却以一些牵强附会的理由发动了两场连自己都无法控制和阻止的世界大战。对犹太人的种族灭绝就是在欧洲几百年来的精英文化主导下提出的一个盲目无知的政策。

某个自称民主自由摇篮的国家，却制造了一个致命武器，首次将人类带向了自取灭亡的道路。一旦有了使用这个武器的条件，他们就会毫不犹豫地使用它。一时间，20世纪文明所梦想的美丽新世界开始充斥痛苦、暴力和令人生畏的专制。

20世纪不仅是普鲁斯特的世纪，也是人类的噩梦，这一点已经很清楚了吧？

12

游戏世界是结束 20 世纪噩梦的保障，搞不明白这一点，就无法搞明白游戏世界。它所采取的战略非常管用，如今 20 世纪卷土重来的条件不复存在，我们已经习惯了游戏世界。但不要忘了，在那个时期，为了取得这样的成就，起义军愿意付出任何代价。今天，如果有谁想让我们放弃使用电子邮件，我们肯定不会同意。

13

在摧毁 20 世纪文明的过程中，游戏世界显然是以一种风卷残云的方式进行的，没有过于关注细节。我再强调一下，数字化起义军以近乎游击战的策略，避开了与传统权力壁垒的直接对抗。但是，在 20 世纪文明开始坍塌时，很多珍贵的、美好的、无法复制的事物也流失了。其中甚至还有一些正确的事物。现在，我们就像战后重建一般，在努力重塑这些美好的事物。有时，我们可以使其恢复原状，有时却做不到。我们决定使用游戏世界的材料和设计理念来重塑事物的时候，往往会取得更好的结果。

14

不管怎么说，数字化起义的一系列破坏行动还是留下了一些痕迹，并引起很多人愤怒。于是，在 20 世纪 90 年代，第一场真正意义上的抵抗数字化的战争以一种和平的方式打响了。抵抗者主要是 20 世纪文明的坚定卫道者，他们不愿意放弃自己之前的家园。然而，他们的抵抗被游戏世界不可阻挡的前进势头淹没了。

15

游戏世界没有成文的宪法，也没有什么条文去规定、约束或创建它。但是，还是有一些"文本"保存了它的基因。我至少可以列举5个教科书般的例子：历史上最早的电子游戏之一《太空侵略者》（1978年）；蒂姆·伯纳斯-李在1991年创建的那个网站，它诠释了万维网是什么；谷歌最初的算法（1998年）；乔布斯在2007年发布的iPhone；2018年4月，扎克伯格参加了美国参议院司法委员会和商业、科学与交通委员会举行的联合听证会。

16

设想一下，如果有一天洪水暴发，我们只能抢救一个"文本"，我们该选择哪一个？《太空侵略者》。它只是一款游戏，因此这个选择似乎有些奇怪，其实不然。这款游戏记载了我们这个数字文明的所有基因密码，而我们这个文明恰恰以游戏为名。在电子游戏中，我们可以解读计算机的意义、数字技术的潜力、人＋键盘＋屏幕模式的优势、一种特定的思维架构、一系列体验、一种明确的极速感、一种流动的美妙，以及游戏中每得到1分的重要性。可以说，电子游戏就是一部极简的数字化起义说明书，让数字化革命的奠基人读懂了他们自己在做什么，以及他们可以做到什么程度。

17

《太空大战》这款游戏的字面意思就是在太空中的战争。斯图尔特·布兰德曾这样形容这款游戏："太空中的战争对地球的和平起了很大的促进作用。"这句话意在体现游戏世界实际上是一种和平的文明。多年前，为了能够在这样的一个和平的文明中生活，人类愿意付出一切。今天，如果有谁想让我们放弃使用电子邮件，我们肯定不会同意。我又说了一遍。

18

某一天，游戏世界开始在它众多数字工具的压力下显出疲态。不好说这一天到底是哪天，但如果非要我选一天，我会选择 2007 年 1 月 9 日，也就是乔布斯走下 iPhone 发布会讲台的那一天。

19

游戏世界最主要的缺点并不特殊，在所有起义运动的延伸系统中都能找到。那些在理想中用于打破阵线、扭转趋势的举措往往会在漫长的发展中产生意料之外的负面效果。简单来说，在小范围内运转良好的系统，一旦扩大范围，往往就不好驾驭了。举个例子，增强人类确实很有裨益，但带来了很多难以处理的副作用：自我认同感的增加、大众个人主义、大众的自私等。在游戏世界中，一不留神，就会遇到这样的麻烦。试图回头去阻止这样的麻烦，就像在洪水暴发的时候建造大坝来控制汹涌的水流一样困难。我指的是在水势已然失控的情况下。尽管如此，我们必须这么做，否则，就是放弃游戏世界。但是，毕竟出口处也人山人海，这不是什么容易的事情。

20

目前，游戏世界有三种主要功能障碍，这三种障碍让很多人对其真正产生了敌意。

第一，游戏的难度太大。游戏可能很好玩，但确实太难了。游戏世界是开放的、不稳定的、多元化的、永不停歇的。要在游戏世界中生存，必须具备相当不错的技能，然而这些技能通常不会被传授：人们是在游戏世界中一边生活一边学习的，就像玩电子游戏一样。但与电子游戏不一样的是，在真实的游戏世界中，玩家没有那么多条命，一旦犯错，就会付出代价。这个世界没有保护网，也没有让倒下的人重新站起来的系统设定。渐渐地，有人就会掉队，而且离大部队越来越远。"不让一个人掉队"这句话可不是游戏世界的格言。

第二，一个为重新分配权力而建立的系统，最终却出乎意料地造成了巨大的权力集中。与 20 世纪相比，现在的权力集中在不同的地带，但其坚不可摧的程度却丝毫不减。它们的逻辑至少与 20 世纪初的欧洲外交部门一样难以理解，它们财富的增长速度也是 20 世纪不可匹敌的。

第三，游戏世界决定保留 20 世纪的那些权力堡垒，即国家、学校、教会等。这是一个很明智的决定，但从长远来看，还是带来了令人不快的结果。从某种程度上说，这就像游戏世界留下了旧世界的骨架，然后长出了强健的肌肉和灵活的关节。按照这样的趋势发展，某个部分迟早会骨折。这是一系列微观和宏观的裂痕。

简单来说，如果教育的框架还停留在以 20 世纪 80 年代的民主思维去教书育人，那我们就不要对学生们进入游戏世界抱任何幻想了：一旦进入游戏世界，他们很快就会被碾压。所以，即便游戏世界可以发挥想象力持续创造具有高速流动性的工具，如果国家建制继续要求设立狭窄的通道、障碍、海关、收费站、防御工事和围墙，这种高速流动性也无用武之地。活力、速度、冲力只能被困在重重屏障下，我们将面临严重的内部问题。

我觉得还需要补充一点：我们似乎还没有解决上述三个问题的方案，能做的可能就是每天改进一些。但是，只有这个时代的人才有可能解决这些问题。我再说得直白一些：在谷歌问世前出生的人是无法解决这些问题的。

21

游戏世界是一个非常年轻的系统，以至于它的大部分仍然是由那些并非出生在这个年代的人创造的。布林和佩奇在创建谷歌的时候，兜里是没有智能手机的；伯纳斯-李在创建万维网的时候，也没有 PlayStation 供他消遣。从更基本的角度来说，如今游戏世界的建设依然是由那些使用老式电话亭给女友打电话、向旅行社报名旅游的人掌控的。我们能确定的是，只有当游戏世界完全由游戏世界的原住民设计时，它才能释放所有的潜能。

22

我只举一个例子，这可能是一个最微妙的例子。20 世纪的思维即便再有远见，再有启蒙意义，在近 40 年里，也从来没有在游戏世界中创建属于自己的一套经济发展、社会公正和财富分配的模式。游戏世界中的富人非常传统，穷人也是。也许，只有游戏世界的原住民才能将过去的经验与现在的工具结合，创造至今还没有的解决方案。他们需要构建新的模式，建立新的常规，从而创造广泛的文化。这是摆在游戏世界面前的一个任务。如果他们做不到，游戏世界就还是不完美的，最终也将会是不堪一击的，迟早会被社会的愤怒颠覆。

23

就目前来看，修正游戏世界的最好方法就是把它的飞行姿态调正。如果将游戏世界比作一架飞机，那么它目前的飞行状态是一侧机翼歪向地面，另一侧机翼指向天空。这种倾斜的姿态是游戏世界的原生属性，它反映在以下数据上：游戏世界的绝大部分创建者是男性、白人、美国人、工程师或科学家。要知道，我们这个时代的智慧是多样化的，显然，游戏世界现在的飞行姿态并不能帮助它走向成熟。也许，最初确实需要工程师打破 20 世纪的思维壁垒，但之后，如果其他的智慧无法尽早融入游戏世界的制造流程，那么这个世界的可持续性在未来就很难保障。我们需要女性文化、人文主义智慧、美国之外的文化、在失败中成长的人才，还需要被边缘化的智慧。

在成熟期，如果游戏世界的原住民依然是男性、白人、美国人、工程师，那么我们的世界就会进入一个没有前途的闭环。

24

与任何其他事物相比，游戏世界最需要的便是人文主义。游戏世界里的人需要人文主义。这种需求出于一种非常基本的理由：他们需要保持一种做"人类"的感觉。游戏世界推动人类进入一种人工智能的生活，对科学家或工程师来讲，他们可以很好地适应这种生活，但其他人通常会感到非常别扭。在未来的一百年里，人工智能会把人类推得越来越远，我们越来越感受不到"人"的属性，没有什么比让人们感受到自己是人类更为珍贵的了。这个话题在今天谈起来似乎有点儿荒谬，但我相信，在未来，最普遍的需求就是拯救"人"性。届时，我们就会收获这些年种下的果实。

25

并不是要让游戏世界回归人文主义，而是要让掉队的人文主义赶上游戏世界发展的步伐。但这不意味着要恢复与旧时代人文主义相关的礼仪、知识和精英，那将是白费功夫。相反，眼下最需要做的是培育一种当代人文主义，将过去人们留下的足迹转化为当今的游戏语言，并将它们融入游戏世界日新月异的发展进程。这是我们正在做的一件事。无论是记忆、想象力、感知力，还是思维构建的领域，游戏世界的居民已经开始搜集自己作为人类的各种足迹了。对他们来说，一篇 15 世纪的哲学论文和一条山间小径之间并没有很大区别。

他们在搜寻所有关于"人"的东西，找到了什么就马上记录下来。这些东西中的一部分会被扔掉，但很多都会保存。他们将所有东西都翻译成自己的语言，放入游戏世界。他们这么做的目的很明确：让游戏世界更适合人类。游戏世界不仅仅是一个由人类创建的世界，还是一个适合人类居住的世界。

他们正在调正飞机的飞行姿态。

他们没有一座巨大的图书馆做这些工作，但实际上，图书馆是无处不在的。其目录浩如烟海：你可以花一辈子时间滚动浏览从《辛普森一家》到斯宾诺莎的作品之间的内容。如果有人真的这么做了，一定会发现非同一般的"文物"：某种搭配口味或颜色的能力，某种构思长篇文章的能力，某种神秘的保持缓慢与静止的能力。这些能力很有可能变成仅仅在博物馆中才能欣赏的化石，但如果能让它们成为一种当代人文主义，也就是成为游戏世界中的一道风景线，那就是另一码事了。它们会再一次书写人类的历史。

致谢

　　我要特别感谢安娜丽莎·安布罗西奥与埃莉萨·博蒂切拉，在撰写本书所进行的必要研究中，这两位女士提供了很大帮助。她们展现了渊博的学识和严谨的治学，最打动我的是她们总能让人笑口常开。

　　以下朋友也为我提供了各种各样的帮助，也许他们自己都没有察觉，这些人是：塞巴斯蒂亚诺·扬尼佐托，瓦伦蒂娜·里韦蒂，马蒂诺·戈齐，阿里安娜·蒙托尔西，里卡尔多·泽基纳奇卡，玛尔塔·特鲁科，里卡尔多·卢纳，费代里科·兰皮尼，格雷戈里奥·博塔，瓦伦蒂娜·德萨尔沃，马尔科·蓬蒂，达里奥·沃尔托利尼，蒂托·法拉奇，以及塞巴斯蒂亚诺·巴里科。我要向这些朋友表达感谢。

　　路易吉·法劳托与安德烈亚·诺瓦利是两位很棒的伙伴。